奇特物种

那些你意想不到的动物故事

良妮 ◆ 著　李静雯 ◆ 绘

海峡出版发行集团 | 福建科学技术出版社
THE STRAITS PUBLISHING & DISTRIBUTING GROUP　FUJIAN SCIENCE & TECHNOLOGY PUBLISHING HOUSE

目录

1

小鼷鹿：是鼠是鹿还是兔？

> 鼷（xī），字从鼠，奚为声，表示世世代代和人类住在一起的鼠类。

当清晨的第一缕阳光洒在高达 35 米的千果榄仁树冠上时，林中的雾气渐渐散去。一缕缕阳光嬉戏般地逃过了枝繁叶茂的千果榄仁，打在了高10 米的沉香树上，打在了株株粗叶榕上，打在了密匝匝的低矮灌木丛上，打在了落叶与掉落下来的果子上。这阳光来得及时，赶走了那落叶与果子流下的泪[1]，给林中送来了勃勃生机。

---

1. "赶走了那落叶与果子流下的泪"是指温暖的阳光使得附着在落叶与果子上的晨露消散。

小鼷鹿在一棵千果榄仁的树干后探出了头，它机警的大眼睛四处环视着，尖尖的双耳不时地一边摆动一边搜寻着四周琐碎的声响。它的嘴尖而窄，上犬齿[2]突出于唇外，向下弯曲着。经过一番打探，小鼷鹿确定附近并无异常，便悠哉悠哉地走了出来。

　　倘若不是这棵千果榄仁，或许还不能如此淋漓尽致地显现出小鼷鹿的渺小。它的体长仅仅45厘米，肩高不过25厘米，尾长不到10厘米。这样一只体重不过2千克的迷你脊椎动物与一旁矗立的参天大树相比，真是"卑微"到了尘埃里。

　　可小鼷鹿并不这样想。它细数了一下自己的家族——鼷鹿科，从鼷鹿属到斑鼷鹿属、水鼷鹿属，哪个不是身材娇小？正因为自己是鼷鹿科中体型

---

2. 只有雄性小鼷鹿有突出于唇外的上犬齿。

小鼷鹿：是鼠是鹿还是兔？

最小的，才被评为"中国已知现存体型最小的偶蹄目动物"。

想到这里，小鼷鹿不自觉地开心起来。它衔起落叶丛中的一颗无花果，咯吱咯吱地吃了起来。

此时正值七八月份，对于小鼷鹿来说，在艳阳高照的白天觅食可不是个明智的选择——把自己暴露于白昼之下与自杀有何两样？因此，小鼷鹿正争分夺秒、一刻不停地吃着落在地上的果子，当然它也不会遗漏那些鲜嫩多汁的柊叶等草本植物。

小鼷鹿一路走走吃吃，可它始终忘不了最近林子中的那些流言蜚语。

"小鼷鹿是鼠，你看它的名字里就有'鼠'！"

"不对不对，它名字里还有'鹿'字呢！难道你们看不出来它和鹿长得一模一样？"

"好啦好啦！不要吵啦。其实小鼷鹿既不是鼠也不是鹿，而是兔子！它们不仅大小一样，而

小鼷鹿：是鼠是鹿还是兔？

且小鼷鹿在感受到危险时，也像兔子一样迅速地跳跃着奔跑！"

"我的天！明明是鹿，怎么就能看成了鼠和兔呢？"

......

小鼷鹿的脑中不停地盘旋着这些争辩声，这些声音吵得它心烦意乱。它在心里无数次地呐喊："我不是鼠！不是鹿！更不是兔！我就是偶蹄目反刍亚目鼷鹿科鼷鹿属的小鼷鹿！"但任凭这些话在心里歇斯底里地喊，小鼷鹿依然是"喊在心里口难开"。

小鼷鹿转念一想："我为什么要歇斯底里呢？不管别人怎么说，我还是我呀！"生性胆小的小鼷鹿再一次为自己的一言不发找到了"合理"的借口，于是，它又无忧无虑地吃起了美味的果子和鲜嫩的叶子。

小鼷鹿迈着轻柔的步伐，一路走到了河谷地带。由于临近水源，这里的千果榄仁、沉香树等大型乔木生长得更为茂盛，它们层层叠叠的树冠纵横交错，像是为小鼷鹿支起了一把遮阳伞；大型乔木下的灌木丛也在竞相生长，它们的枝干错

综复杂地交织在一起，灌木丛中冒出的几朵黄的、粉的、红的花，更显出灌木丛"挺拔"的精气神。

小鼷鹿一边机警地环视着四周，一边嗅着空气中飘散的味道。棵棵直插云端的参天大树为小鼷鹿提供了天然的庇护所，纵横交错的灌木丛为小鼷鹿筑起了安全屏障。天敌想要在这样错综复杂的环境中甄别出体长仅仅45厘米的小鼷鹿，真是难上加难。小鼷鹿的心中油然升起一阵喜悦！"这绝佳的隐秘环境，真是天赐的藏身之所呀！"小鼷鹿小心翼翼地踩着地面上的落叶，探寻着最合适的隐匿位置。

河边的一棵细叶榕引起了小鼷鹿的注意。细叶榕交叉盘绕的锈褐色气根牢牢地抓着肥沃的土壤，一根粗壮的树枝横亘于水面之上，这低压的树叶交杂着灌木丛，形成了天然的"树叶洞穴"。小鼷鹿谨慎地踩着落叶，不留一丝蹄印，钻进了自己的"家"。虽然它自认为那细小的蹄印像极了艺术品，但它不能把那些直径不足1厘米、前深后浅的蹄印留在周围的土壤上——这可是会让它丧命的痕迹。

夜幕降临，小鼷鹿小心翼翼地从"树叶洞穴"中探出头，待确定附近没有危险时才慢慢地迈步出来。小鼷鹿欣喜地衔着地面上的果子，这果子不仅长得诱人，滑入口中更是香浓甘甜，再配上几片鲜嫩多汁的叶子，真是无比美味。

正当小鼷鹿享受着美食带来的愉悦感时，危险的气息挑动了小鼷鹿敏感的嗅觉。它迅速地环视四周，确定危险逼近的方向，接着奋力奔向草木茂盛的区域。它纤细的四肢如音符般跳跃于土壤之上，较短的前肢与较长的后肢交相配合，奏出了一曲惊心动魄的"逃亡曲"。小鼷鹿竭力地奔跑着，但危险还是越来越近了！

岩糯一边从北边追逐着小鼷鹿，一边向小伙伴们大声呼喊："从西边、南边围攻，快！快！"

岩糯是住在林子外的傣族男孩，七八岁正是孩子们调皮捣蛋的年纪，他和小伙伴们也不例外。

小鼷鹿受到来自三个方向的紧逼，冲向东边是它逃生的最后机会。小鼷鹿不顾一切地奔跑着，突然，一条河流横亘在眼前。小鼷鹿没有半点犹豫，它奋力一跃，跳进了河水之中。这条河河面较宽，水流缓慢，小鼷鹿这一跃激起了层层涟漪，可不过几秒钟，河面便归于平静。

岩糯和小伙伴们拿出怀中的望远镜，望向小鼷鹿落水的方向。小鼷鹿的潜水能力极佳，不多时便游到了河对岸。

"在那里——那棵千果榄仁旁边！"岩糯喊道。

小鼷鹿吃力地爬上河岸，河水凉到小鼷鹿的骨子里，它的体温骤降。小鼷鹿用尽力气抖掉身上挂着的冰凉的河水，随后便一下子瘫倒在河岸边。它棕褐色夹杂着浅色斑点的背部及夹杂着赭褐色环斑的前胸，以及白色夹杂着棕褐色条纹的腹部，都在肌肉的抽搐下不停地抖动；它那纤细如枯木的四肢，更是抽搐得让人心疼。

岩糯的一个小伙伴垂头丧气地说道："你们看它多可怜！它不会没命吧？"

岩糯也认识到自己的调皮可能给小鼷鹿带来致命的伤害，便信誓旦旦地说："我保证以后再也不追着小鼷鹿跑了！我要做它们的保护神！"

小鼷鹿在河对岸逐渐恢复了体力，它轻轻地活动了一下四肢，然后消失在了暮色之中。

小鼷鹿经过这一次惊心动魄的考验，又在"极限挑战"中成长了一大步！它坚信自己一定会战

胜大自然以及人类给予的任何挑战！你瞧，它又开开心心地吃起了鲜美的果子和嫩嫩的叶子。

岩糯也言出必行，他不仅决定要做小鼷鹿的保护神，还和小伙伴们一起成立了"野生动物保护小分队"。他们一边学习野生动物保护知识，一边向父母、同学、探险者传递保护野生动物的必要性。成为一名真正的"野生动物保护专家"，成了他们心中最大的梦想！

2

漂泊信天翁：大难不死的大型海鸟

> 紧张与忙碌、兴奋与憧憬、高喊声与欢呼声充满了这只极具"人情味"的渔船。

……

在受人欺负的时候总是听见水手说

他说风雨中这点痛算什么

擦干泪不要怕

至少我们还有梦

……

当你看到这几行歌词时，是否也和我一样，哼唱完每一句？水手乘风破浪、勇于追寻梦想的伟岸形象早已随同这首歌深入人心。然而，世界上的水手真的都如同歌词中那样吗？下面这个故事，或许会为你呈现一个更加立体的水手形象。

亨利的父亲是一个老船员，他的一生都致力于捕捞事业。他热爱海洋、敬畏海洋，他享受渔获时的欢呼，感恩惊涛骇浪后的幸存。他把这一切都讲给年幼的亨利听。渐渐地，亨利爱上了父亲说的这片海洋。成人礼后的亨利义无反顾地奔向了这片海洋，尽管它吞噬了他挚爱的父亲，他依然不惧风浪，依然热爱这片海洋，就像他的父亲一样。

亨利和其他船员准备好渔具，等待着船长的命令。为了尽可能多地捕获犬牙南极鱼和金枪鱼，船员们采用分布面最广的延绳钓作业方式。延绳钓渔具主要由干绳、支绳、鱼漂、浮绳、钓钩等组成。这次亨利将下放长达2200米的干绳，干绳上垂挂着几千根支绳，每根支绳末端均结有钓钩。在接到泰勒船长的命令后，亨利和其他船员们迅速作业，将冷冻后切段的竹刀鱼挂在钓钩上，配合船只航向、航速、水流方向熟练地下放干绳、

支绳、鱼漂等。

这一刻，紧张与忙碌、兴奋与憧憬、高喊声与欢呼声充满了这只极具"人情味"的渔船。

一切看似祥和，但似乎又隐藏着什么……

25千米外的天空上，翱翔着一只大型海鸟。它体长1米有余，通体的白色在湛蓝的天空映衬之下，如同一朵白云。只是这朵"白云"似乎敷衍了些，不仅颈侧的桃红色斑块略显瑕疵，翼尖和后缘的黑色更是显得突兀。它偶尔轻拍翅膀，继而将其完全舒展开来，长达3.4米的展翼，让漂泊信天翁[1]成为现存展翼最宽的鸟类。

漂泊信天翁为了捕食，可以在15天内飞越数千千米。这样长时间、高强度的飞行，为16世纪初伟大的博物学家莱昂纳多·达·芬奇以及19世

---

1. 信天翁有14种，其中漂泊信天翁是体型最大的信天翁。

纪的瑞利勋爵所惊叹。他们分别描绘了鸟类如何从滑翔中获得能量，由此莱昂纳多·达·芬奇成为描绘并阐释鸟类滑翔获能策略的第一人，而瑞利勋爵则成为世界公认的逼真描述鸟类如何从风切变[2]中获取维持滑翔能量的第一人。

---

2. 风切变是一种大气现象，是指风速在水平和垂直方向上的突然变化。

那么，漂泊信天翁等海鸟究竟是如何借助风力实现远距离飞行的呢？

当漂泊信天翁贴近海洋表面时，它们会逆风上行。漂泊信天翁的双翼相对狭窄，当沿着既定方向飞行时，扇动翅膀获取能量并没有显著效果，因此它们会展翼飞行。当漂泊信天翁以较小的角度穿过水平风速和垂直风速突然变化的风切变层时，它们就到了风层之上。起初，漂泊信天翁需要逆风上行。在这个阶段，漂泊信天翁舒展双翼，风如同楔形阶梯，将它托举而起。当漂泊信天翁上升到一定高度时，便会顺风转弯，继而下行穿过风切变层，以此获得提速。

这种利用风切变来获取持续飞行能量的策略，被称为动态滑翔。漂泊信天翁依靠动态滑翔实现了盘旋于天空、环航地球的奇迹。

这一刻的漂泊信天翁威尔逊早已饥肠辘辘，它在方圆 30 千米内搜寻着鱼、乌贼、甲壳类等食

漂泊信天翁：大难不死的大型海鸟

物。威尔逊注意到 25 千米外的海面上漂浮着密密麻麻的竹刀鱼，尽管它们看起来并不怎么肥美，但大片的鱼儿依然那么诱人。威尔逊调整好方向，向着那片竹刀鱼扑去。

泰勒船长的渔船依旧在紧锣密鼓地忙碌着，亨利以娴熟的手法钩起竹刀鱼扔向海里，再钩起竹刀鱼再扔向海里……他必须以最快的速度将所有的鱼钩下放到海里，只有这样，他才是一名称职的船员，才是泰勒船长欣赏的船员，才是父亲的骄傲。

就在威尔逊距离渔船不到 5 千米时，一阵突如其来的超声波让它感到极度不适。尽管那些竹刀鱼那么诱人，尽管它十分想填饱肚子，但这警示的声音让它不得不离开这片水域！

就在这时，法属克洛泽群岛的海警向泰勒船长的渔船发来警告，告知他们克洛泽群岛正处于禁渔期，渔船必须尽快收回渔具，停止作业！正积极作业的亨利忽然听到来自海警的警告，吓得浑身一哆嗦。他不明就里地挠挠头，就迅速地往船上拉回干绳。

这时，亨利恍然大悟！泰勒船长在出发前，便谎称渔船的卫星定位系统总是出现定位偏差问题，并告知大家此次出行渔船不得不依赖雷达来导航。原来泰勒船长在出行前就知道这是一次非法捕鱼！可是既然泰勒船长已经偷偷地关闭了卫星定位系统，海警又是如何找到他们的呢？

这个问题在亨利的大脑中盘旋了数月之久，终于在一个阳光正好的下午，得到了答案。

那是一本以科学话题为主打内容的杂志，其中一篇文章阐述了当前法国追捕非法捕捞渔船的新尝试。亨利从文章中得知，在传统的延绳钓作业过程中，由于干绳和支绳并不会立刻沉入海中，因此漂浮于海面上的竹刀鱼便会吸引视力极佳的信天翁前来捕食。然而，当信天翁一口吞下竹刀

漂泊信天翁：大难不死的大型海鸟

鱼时，鱼钩也钩住了它，它的生命也将在最后的挣扎中逝去。每年因误食鱼饵而身亡的信天翁竟然达 10 万只！

亨利不禁倒吸了一口冷气。他想起了几个月前的一天，就在海警发出警报前的几分钟，渔船上方盘旋着一只大型海鸟，没错，那就是漂泊信天翁！可是海警究竟是如何找到渔船的呢？

亨利继续阅读杂志。非法渔船为了逃脱惩罚，会在出行前关闭卫星定位系统，这使得法国海警和监测营救中心无法获知渔船的身份、航向和速度，因此，在法属的 200 万平方千米的海域上，很难及时发现并干预非法渔船作业。

为保护濒临灭绝的鸟类——信天翁，法国海警与法国生物研究中心制订了一个全新的方案：研究人员将一只不到 60 克的小型收发器安放在了信天翁的背部，当信天翁与渔船相距约 5 千米时，收发器便能接收到渔船发出的雷达信号，收发器便会即刻通过卫星定位系统向监测营救中心发送信天翁的实时位置，工作人员会在第一时间比对同一地点有无船只发出卫星定位信号，有信号的即为合法渔船，反之，便立刻通知海警出警，阻止非法渔船作业。

读到这里，亨利长舒了一口气，困扰他几个月的问题终于迎刃而解了。这一刻亨利感觉到了前所未有的轻松，他要感谢那只漂泊信天翁，是它的出现让自己悬崖勒马，是它的出现让自己迷途知返。他向老板买下了那本杂志，揣进怀里，他要把濒临灭绝的信天翁的故事讲给水手听……

3

海笔：机智的死亡谈判

生死攸关的时刻，自责、内疚、愤怒能够保全性命吗？

　　海蛞蝓[1]哈菲斯悄悄地潜入沉淀的沙层中，仅留下两根嗅角探出沙面，它们仔细地侦察着海水中的异常气味，以及任何可疑的化学物质。不远处的沉淀物中斜插着几根白色纤细的"鱼刺"，那便是哈菲斯猎食后的餐余。

　　时光在海水中静静地流逝着，掩藏在海床中的海笔[2]妲迷雅渐渐地舒展起来。

---

1. 海蛞蝓雌雄同体，它有一种特殊的本领，吃什么颜色的海藻，身体就会变成什么颜色。

2. 海笔看起来像植物，其实是由成千上万的水螅体群居而形成的。海笔在地球上已经存在了 5 亿年，非常古老。

哈菲斯嗅到海水中一丝不寻常的气息，然而这只经验丰富的海蛞蝓并没有采取任何行动，而是继续潜伏着，等待着最佳时机。

妲迷雅并未察觉到来自不远处的威胁，它大口大口地吞噬着海水，身体开始慢慢地膨胀，身高不断地刷新着纪录。它不再是掩藏在海床中的"无名小卒"，而是身高两米有余的"海底巨人"！

海底洋流涌动，妲迷雅随着海水调整着羽枝的方向，远远望去，那羽枝俨然一副羽毛的模样，主茎更是如同一根硬化了的笔杆。此刻的妲迷雅像极了19世纪的羽毛笔，随着海水优雅地摇曳着。正因如此，妲迷雅和它的伙伴们才有了"海笔"这个名字。

海笔是由成千上万的水螅体群居而形成的，这一点倒与珊瑚极其相似。那么，海笔深入沙层之中的球根状的"根"、直立于海床之上的坚硬的肉质茎，以及以主茎为对称轴展开的羽枝，难

道都是水螅体杂乱无章地排列而成的吗？

　　答案一定是否定的。其实，数以万计的水螅体在海笔这个大家庭中，都井然有序地承担着不同的工作。比如，牢牢抓住海床的球根状的"根"，以及直立于海床之上坚硬的肉质茎，它们便是初级水螅体的触手退化后形成的，次级水螅体则从主茎上分出来，形成轴对称状的羽枝。其中，负责吸入水流的水螅体被称为管状个员，带有刺细胞的、负责进食和繁殖的水螅体被称为独立个员。

　　从海底漂浮起来的妲迷雅，借助着洋流形成的漩涡，掠食着围绕独立个员不停打转的海味。它不时地调整着羽枝的方向，以便让独立个员最大限度地捕捉食物。海底微弱的光线映衬着妲迷雅的捕食行为，它像极了一只纵情舞蹈的"午夜精灵"。

　　细细看去，妲迷雅那羽毛状的羽枝上又分出了对称的、密匝匝的分支。它的纵情舞蹈，让羽

海笔：机智的死亡谈判

枝连同分支一起，有了捕获食物的契机。次级水螅体的触手与海水亲密接触着、律动着，在妲迷雅的舞蹈中掠食着美味。

海蛞蝓哈菲斯看准了时机，淡黄色的身体逐渐浮出沙面。它灵敏的嗅角呈"八"字形，向前斜伸着，刺探着海水中的化学物质，辨识着妲迷雅的方位；它肥厚的足浮于海床上，悄无声息地向着妲迷雅的方向爬去。

哈菲斯的足部极其敏感，它触摸着妲迷雅的球根状的"根"，感知着妲迷雅充满钙质的肉质茎，以及满是蛋白质的羽枝，它在寻找适合下嘴的地方。

妲迷雅被突如其来的威胁惊到了，它为自己的麻痹大意而追悔莫及。但是，在生死攸关的时刻，自责、内疚、愤怒能够保全性命吗？想到这里，妲迷雅让自己定了定神。它佯装镇定、颇有气势地说道："嘿，老兄！我想你应该放弃你那'血淋淋'

的想法！"

哈菲斯还从未听到过任何一只海笔求饶，尽管这求饶略显刺耳，但还是成功地引起了它的兴趣。

"你真是个有趣的家伙，死到临头还这么嘴硬！看到那边白色纤细的'鱼刺'了吗？那都是你的兄弟姐妹的遗骸！"

妲迷雅压制着内心的恐惧："我想你不妨听听我接下来的话。倘若无用，你再吃我也不迟；倘若有用，或许能救你的性命！"

哈菲斯听了来了兴致："正巧今天无趣，听你说些天方夜谭的荒诞话也好，或许能为我带来几天的乐趣！"

"这位海蛞蝓先生小姐，请允许我这样称呼您，毕竟您是雌雄同体的软体动物。我想您一定不了解我的家族，不然您就不会痴痴地认为所有的海笔都是一模一样的。"妲迷雅一边故作镇定地说话，一边尽力地将水排出体外。

"接下来我要给您讲一则故事：几天前，也曾有一只海蛞蝓想要享用我美味的钙质和蛋白质，但它和您一样，并不知道海笔也是御敌有术的。对于它的死，我表示遗憾。倘若当时也能有像我们这样一次'真诚的长谈'，它也不至于死得那么惨！"妲迷雅故意加重了"惨"字，它想用这个字激起哈菲斯的恐惧感。

哈菲斯听得云里雾里："我是来听故事的，你的废话可能随时要了你的性命！"

妲迷雅在哈菲斯的愤怒中听出了恐惧的味道，它决定不再拖延时间，而是借机吓退这个可恶的家伙！

"那天的洋流和今天一样强大，想必您也感受得到。其实，这并不是偶然，而是我可以辨别洋流的位置，择地而栖。当那只海蛞蝓的足部触碰到我的'根部'时，危险信号便在我的体内迅速传导，我霎时间发出了强烈的、刺眼的光，把周围照得通亮。在近乎漆黑一片的海底，倘若亮起一束强光，我想您一定知道这意味着什么。不过一分钟，一只体型硕大的鲨鱼便会出现。短短几秒钟，那只可怜的海蛞蝓便进了鲨鱼的肚子。那场面真是震撼！这位海蛞蝓先生小姐，我又想重新欣赏一下那个场面了……"

哈菲斯听到这里，连忙向后退："不！不！"

妲迷雅长长地舒了口气，它为自己逃过一劫庆幸不已。尽管妲迷雅并不会发出强烈的、刺眼的光，但毕竟海笔家族是能者辈出的！它要感谢海笔家族，更要感谢机智的自己。

妲迷雅故作疲惫地说道："海蛞蝓先生小姐，您走吧。讲了这么久，我也累了。"说到这里，妲迷雅彻底排出了体内的水，缩回到了海床的沙层之中。

这一刻的妲迷雅是放松的，它彻底安全了。

4

麝雉：臭名远扬

它有多臭？探险家将其形容为"鼻子的灾难"！

绵延近 9000 千米的"南美洲脊梁"——安第斯山脉纵贯南美洲大陆西岸，奈瓦多·米斯米峰是其中一座山峰，一条发源于此的小溪流入劳里科查湖，又先后与阿普里马克河、乌卡亚利河深情相拥，最终与马拉尼翁河汇合成亚马孙河干流。

亚马孙河滋养了南美洲的大片土地，植物因水的滋养而繁密茂盛，动物因植被丰富而繁衍兴旺。

一阵风吹过，植被的摇曳声与流水声交相呼应；一场雨倾泻，雨滴拍打着植被奏起华美的乐章；

黑云散去白云归，天上飞的、地上跑的、水里游的，又在碧水蓝天下呈现一派生机。

在一片时常遭遇洪涝的雨林中，生存着这样一群生灵——麝雉。它们的上体覆盖着栗褐色的羽毛，点缀其中的几片白色体羽让过于深沉的体色多了几分明快，下体覆盖着橘黄色的羽毛，腹部转而变成铁锈色，青铜色的长尾巴拖在身后，尾端却像是失了色，留下了一片纯粹的白。再瞧它们那别具一格的红褐色羽冠，稀疏潦草如鬃毛般竖立于头上。最耀眼的要数它们精致的湛蓝色脸颊，红宝石般的双眸镶嵌其上，数根睫毛更是凸显了几分灵动。

作为圭亚那的国鸟，麝雉并不需要政府、媒体的格外宣传，而是靠自己在世界各地名声大噪！

鸟类学家威廉·毕伯曾经这样评价麝雉："如果不稀释它们身上的臭味，其他任何一种鸟类都

无法接近它们。"那种味道类似于堆满粪便的牛圈，有强烈的刺激性。探险家更是将其形容为"鼻子的灾难"，圭亚那的国民也毫不留情地称它们为"臭安娜"。

麝雉对此并不以为意。"臭名远扬"又怎么样？维持家族繁衍与兴旺才是最重要的。倘若没有那种味道，它们要如何御敌？倘若没有那种味道，它们怎么能成为鸟类中的"活化石"呢？

午后的雨林并未迎来片刻的阴凉，雨林的白天常年被三十几摄氏度的气温笼罩着。然而，这一刻对于麝雉来说却是十分幸福的。它们坐卧在低矮的树杈上，时而展开翅膀，惬意地享受着日光浴，时而甄选着树叶，用喙将树叶顺着树枝捋下，再用喙中的锯齿将树叶仔细地磨碎，最后将其推入食管后段的嗉囊中进一步消化。

麝雉的食物中，树叶占据 82%，花朵与果实各占 9% 左右。这些树叶不仅质量过大，而且富含

纤维素、树胶浆汁和强碱性汁液，消化难度不言而喻，因此，麝雉进化出了鸟类中独有的消化系统——嗉囊。麝雉的嗉囊几乎占据了它的整个胸部，不仅体积上相当于胃的 50 倍，质量上更是占据其体重的三分之一。如此巨大的部位，近乎完全侵占了鸟类龙骨突的位置。

麝雉的嗉囊中生活着与之休戚与共的细菌。这些细菌在酶的催化作用下，能够通过发酵消化树叶中大量的纤维素及其他物质，甚至能够化解树叶的毒性。也正是因为这种通过发酵消化的方式，使得麝雉身上散发着令人作呕的臭味。

四五月份的雨林，雨水丰沛，加之安第斯山脉冰雪消融带来的大量流水，淹没了雨林中相当部分的土地。然而，这不仅对植物、动物无害，反而使得树木更加枝繁叶茂，动物也迎来了繁殖的季节。

在一片沼泽地带，麝雉们各自组建起了新

的家庭，每一个家庭的成员有10—15名。由于嗉囊体积大，麝雉的飞行能力极差，但幼鸟却十分擅长游泳，因此，麝雉会争夺那些距离水面三五米高、粗壮繁茂的树枝，甚至会为此大打出手。美国鸟类研究团队研究表明，麝雉的领地意识极强，单个麝雉家庭的领地大约为5000平方米。

占据领地后，麝雉家庭中占有主导地位的雄性会主动地向自己心仪的雌性发出爱的呼唤，然而这叫声却没有想象中那么美妙，甚至可以用干瘪来形容。倘若雌性麝雉予以回应，那么这个家庭中唯一的一对伴侣关系就确定了。其他的麝雉也会自觉地将自己的角色设定为"保姆"和"徒弟"，它们会积极主动地帮助这对夫妇筑巢、看护幼鸟、巡视"边疆"、保卫家园，甚至会向雄性麝雉家长学习示爱过程以及如何承担父亲的责任，也会向雌性麝雉家长学习如何承担妻子和母亲的责任。

麝雉：臭名远扬

对麝雉而言，学习过程是宝贵的成长经历。只有踏实学习、尽心尽力保护家庭，才能够在来年雨季到来之后组建自己的大家庭，继而承担起繁育后代以及指导其他家庭成员的重任。

麝雉幼鸟与生活在侏罗纪晚期的始祖鸟具有相同的特征，即麝雉幼鸟出生时翅膀上的第一和第二个指尖上长有一对翼爪。这是科学家迄今为止发现的唯一一种在幼鸟时期保留有翼爪的鸟类，古生物学家更是将这一特征定性为鸟类起源于爬行动物的证据。

这对翼爪并不会与麝雉相伴一生，只在幼鸟时期存在。幼鸟在学习坐卧时，强有力的翼爪会辅助脚爪抓牢树枝，帮助它稳定身体。倘若幼鸟受到蛇类或猴子的攻击而不得不跳水逃生时，结实的翼爪会在危险过后配合脚爪帮其攀爬回巢。

独特的翼爪、出色的游泳技能，以及家庭成员的悉心照料，加上令人退避三舍的刺激性气味，使得麝雉幼鸟的成活率极高。随着幼鸟茁壮成长，它的羽翼逐渐丰满，待到它可以凭借扇动那对并不灵巧的翅膀脱离危险时，翼爪便悄悄地萎缩成一个小小的结。

这个结记录着麝雉的过往，如同日记本一样，记述着麝雉或幸福或惊险的幼年生活。

5

澳洲魔蜥：以静制动

要不要和这个身长仅有 15 厘米的小家伙比比谁先动？

　　澳大利亚坐落于南太平洋和印度洋之间，是世界上唯一一个国土覆盖整个大陆的国家。尽管塔斯曼海、珊瑚海、帝汶海等海域环抱着澳大利亚，但澳大利亚却是世界上最干燥的大陆，有70%的国土处于干旱或半干旱地带。澳大利亚中部地区更是气候炎热、干旱少雨的沙漠地带。很显然，人类并不是这里的常客。请不要忘记，智人[1]只占地球总生物量的0.01%。这些沙漠地带并非是一

---

1. 智人，是人属下的唯一现存物种，即人类。

片荒土，而是藏着很多动植物。

即便是温度至高的沙漠地区，清晨时刻也是凉爽的，漂泊不定的水蒸气在这一刻终于安定了"脚丫"，它们液化成晶莹剔透的水滴，依附在沙漠植物的叶子上。

晨露，对于水资源丰富的城市而言，或许是微不足道的，但是对于水资源紧缺的沙漠而言，它却是无比珍贵的。作为这片沙漠的"原住民"，澳洲魔蜥[2]威尔是绝对不会错过这些浑圆珍贵的小水珠的，但相对这些巨人般的沙漠植物，身长仅15厘米的澳洲魔蜥想要舔舐那些灵动的小水滴，简直是痴心妄想。

威尔扬起了布满棘状刺的尾巴，缓慢地爬到了沙漠植物的根部，四肢坚挺、一动不动地矗立

2.澳洲魔蜥，又名澳洲棘蜥、澳洲刺角蜥，被称为"多刺的魔鬼"。

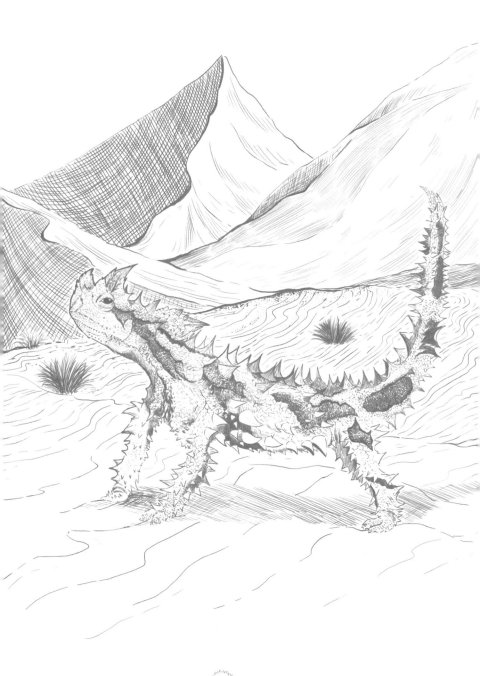

在那里。这一刻的威尔像极了被某个剧组遗弃在沙漠的道具，死气沉沉，呆若木鸡。但是，它布满棘状刺的身体不再如起初那样干燥，皮肤和尖刺变得湿润。

澳洲魔蜥在沙漠深处破壳而出，冲破层层沙土，独自探寻世界的那一刻，便拥有这种与生俱来的能力。它从不需要低下高贵的头颅喝水，只要将身体的任意一个部位沾些水分，皮肤和尖刺上错综复杂的通道便会充当"水渠"，将宝贵的水资源引至口中。

澳洲魔蜥的这项特殊技能，使得它可以在高温、干旱的沙漠地区获得相当丰富的水资源。这些珍贵的水资源包含晨露、雨水、小水坑内的积水，甚至是空气中的水分。

水，于生命而言，是至关重要、不可或缺的，但水却不能填饱澳洲魔蜥的肚子，威尔早已饥肠辘辘。威尔一边喂着由身体引来的水，一边用细

小的眼睛观察着远处的几只黑蚂蚁。澳洲魔蜥的
视力极佳，不多时，威尔便观察出这些黑蚂蚁的
前行路线。

威尔挪动布满尖刺的四肢，缓慢地向着黑蚂
蚁前行的方向爬去。它一边爬行，一边左右轻摆
着头部，观察黑蚂蚁的一举一动。待爬到黑蚂蚁
数量众多的地带，威尔便压低身体的高度，屏气
凝神，犹如雕塑般一动不动地伫立在那里。

黑蚂蚁完全没有注意到威尔，它们继续紧锣
密鼓地寻觅着什么，一些黑蚂蚁竟然爬到威尔的
足部、背部，甚至头部。威尔的身体依旧"岿然
不动"，只是轻摆头部，迅速地吐出舌头卷起黑
蚂蚁后收回口中。

澳洲魔蜥的行动永远是缓慢的，但对待"吃
饭"这件事，它的确是认真的。它爱极了这种
澳大利亚内陆沙漠的黑蚂蚁，它必须仔细地品尝
每一只黑蚂蚁的独特味道。澳洲魔蜥会充满耐

心、不厌其烦地卷起一只又一只黑蚂蚁送入口中，并且是极有效率的，它在一分钟内可以卷起30—45只黑蚂蚁。它的"肚量"也是颇具规模的，没有上千只黑蚂蚁，绝对不能填饱一只体长仅仅15厘米的澳洲魔蜥。

威尔不时地摇摆着头部，享受着这顿美味大餐。可就在它轻摆头部时，却发现危险正在逼近。那是一只臭名昭著的野狗，体长足足有100厘米，是威尔的6倍有余。野狗的追击时速可达45千米，威尔根本不是对手。想到这里，威尔决定按兵不动，毕竟自己有着与沙漠浑然一体的保护色，野狗的觅食对象很有可能并不是自己，因此以静制动才是最好的选择。

事与愿违，野狗的前进方向与威尔所处的位置完全一致。威尔意识到自己已经大难临头了，心中不免溢出哀伤之情，但当威尔再次仔细观察野狗时，心中又飘过一丝窃喜。尽管野狗以耐性

极强、丧心病狂著称，但这只野狗有所不同：它步履蹒跚，右后肢的皮毛还血淋淋的，每走一步都会有鲜血滴入沙土。很显然，这只野狗已经在上一场战斗中受到重创。

威尔迎战的信心大增。身为澳洲魔蜥，它也不是一无是处的怂货。威尔大口大口地向体内吸入空气，体型逐渐扩大，棘状刺看上去更加尖锐、锋利。这一刻的威尔看起来像披上了一件盔甲的"战神"，紧接着，威尔将头部伸入两腿之间。

危机时刻，澳洲魔蜥颈上的"肉瘤"简直可以称得上一件法宝。因为这个"肉瘤"的形状像极了澳洲魔蜥的头部。很显然，威尔正打算利用这个"假头"来个鱼目混珠。

野狗的逼近并没有扰乱威尔的心智，它依然一动不动地伫立在原地。充气的身体让威尔看起来更加强壮，更加具有战斗力，它全身的每一根棘状刺都向外坚挺着。野狗在威尔的前后左右不停地巡视着，不时地用前脚拨弄着威尔，企图寻找一个好的时机拿下这个小家伙，但威尔毫不示弱，只做稍微调整便又恢复最初的迎战姿态。

以往耐性极强的野狗，因身体受伤而变得愈发焦躁。它不再等待时机，而是冲威尔的"头部"狠狠地一口咬下去。这一口的力量足以扎破野狗的口腔，剧烈的疼痛让野狗下意识地后退了几步。然而威尔并未因此受到重创，它的"假头"再一次在关键时刻救了自己一命。威尔无暇为自己的机智喝彩，它必须趁着野狗剧烈疼痛之时，迅速逃离。

阳光依旧热辣，死里逃生的威尔再一次寻着黑蚂蚁的前行路线，来到了另一个黑蚂蚁聚集地。威尔再一次一动不动地伫立在那里，一只一只地享受着黑蚂蚁的美味……

6

鬃狮蜥：世界级爬宠

这种默默无闻的爬行动物，因为一则新闻出了名。

髭狮蜥本是澳大利亚众多动物中的无名小卒，然而一则新闻让它声名鹊起。据悉，一只名叫艾洛的髭狮蜥因具有灵敏的嗅觉、超强的药物检测能力，被美国亚利桑那州的一所警察局任用为配有警徽的正式"警察"，关于髭狮蜥的新闻随之铺天盖地席卷而来。

身为一只髭狮蜥，威廉姆斯听到这则新闻时，正趴在澳大利亚东部灌木丛中的一根枯枝上晒太阳。由于髭狮蜥是变温动物，因此每当太阳升起之时，威廉姆斯也会爬上树枝，以汲取更多的太阳能量来维持一天的热量消耗。威廉姆斯发自心底地羡慕艾洛，它不奢求成为一名配有警徽的正式"警察"，但希望有朝一日可以爬出这个灌木丛，去看看外面的世界。

如果威廉姆斯知道许下的愿望有可能会成真，那么几天前它一定会仔细斟酌后再许下心愿。

现在的威廉姆斯被妥善地保护在一个玻璃房间内，它也一跃成为动物园里的"明星"。尽管被限制自由是威廉姆斯所不情愿的，但它也乐于听那些志愿者讲些关于鬃狮蜥的新闻。

这一天，动物园内游人如织，可威廉姆斯却提不起任何兴致。它早已听腻了志愿者那套一成不变的讲解词："各位游客，现在我们看到的是鬃狮蜥。它是一种日行性、半树栖型蜥蜴，身长40—49厘米，喜食昆虫和植物。它的颈部、体侧及背部布满棘状鳞，其中体侧的棘状鳞生长方位各不相同。它的舌根有一根能够凸出来的骨头，

鬃狮蜥：世界级爬宠

当它遇到危险时，会将骨尖向下，使喉咙周围的刺坚硬地竖起来，这也是其名字的由来。"

以前，威廉姆斯会很乐于配合讲解，展示喉咙膨大的模样，但今天，它可没这个兴致。志愿者回头望了它一眼，无奈地摇摇头："看来今天威廉姆斯兴致不高呀！"志愿者随后从随身的背包内拿出一本小册子，"根据动物园关于志愿者讲解的相关规定和游客的意愿调查，接下来我讲几条鬃狮蜥的花边新闻。"

威廉姆斯听到这句话，顿时来了兴趣。尽管它和志愿者的位置相对较远，但它的听力可是极佳的。

"自然界中，能够发生性反转的动物数不胜数，但鬃狮蜥是人们发现的第一种能够发生性反转的爬行动物。蜥蜴的染色体与人类不同，雄性蜥蜴的染色体为 ZZ，雌性的为 ZW。当雌性鬃狮蜥贡献出一条 Z 染色体时，孵化出来的小蜥蜴应

鬃狮蜥：世界级爬宠

该为雄性；当雌性鬃狮蜥贡献出的是 W 染色体时，孵化出来的小蜥蜴应该为雌性。"志愿者一边说着，一边向大家展示他临时勾画的示意图。

"但研究人员发现，染色体性别表现为 ZZ 的雄性，却拥有雌性的生殖腺性别及表型性别。简单来说，就是除染色体表现为雄性外，身体构造及功能均表现为雌性。这种现象称为性反转。那么到底是什么导致了鬃狮蜥的性反转呢？"

志愿者停顿了一下："答案竟然是人类的活动引起的全球变暖！澳大利亚堪培拉大学的生态学家亚历山大·奎因和她的同事通过实验证实：当孵化温度控制在 22—32℃时，孵化出的鬃狮蜥雄性和雌性数量基本一致；但当孵化温度调高到 34℃及以上时，孵化出的鬃狮蜥大多是雌性。巧合的是，鬃狮蜥的栖息地——澳大利亚内陆夏季温度经常逼近 40℃，这也证实了这一结论的可靠性。"志愿者的语气中夹带着一丝无奈。

"另有实验数据表明，发生性反转的 ZZ 雌性不仅体型更大、更加强壮，而且下蛋的数量也近乎正常雌性的两倍……"

志愿者刚要继续说，一名游客迫不及待地问道："那鬃狮蜥不是因祸得福了吗？"

志愿者摇摇头："并没有。实验证实，发生性反转的 ZZ 雌性的后代，也更加容易发生性反转，这将直接导致种群的雌性化趋势越来越严重，对于鬃狮蜥来说，这可能是灭顶之灾。"

威廉姆斯听到这里，不禁暗自神伤。它膨胀起布满尖刺的咽喉，张大嘴巴，露出大片的黄色。它狠狠地咬着牙齿发出嘶嘶的声音，企图吓跑这群可恶的人类。

游客中一个小女孩看到威廉姆斯的模样吓哭了，边哭还边不停地念叨："是我们的错，我们要保护它们，要爱护环境。"

鬃狮蜥：世界级爬宠

沉重的话题让人们沉默了许久，一名游客打破沉默说道："我们还想听听关于鬃狮蜥的其他研究，您能继续给我们讲讲吗？"

志愿者换了个话题："人类睡眠周期模式分为快速眼动睡眠和慢波睡眠。其中，快速眼动睡眠最易被观察到的是睡眠者的眼球不停地左右摆动，此时睡眠者脑电波频率加快、振幅减小，并且心率加快、血压升高，除此之外的睡眠被统称为慢波睡眠。研究人员曾在鸟类身上观察到这类现象……"志愿者提高了声调，"最近，《科学》杂志刊登了德国马普脑科学研究所的一篇文章，首次证实爬行动物也存在着与人类相似的快速眼动睡眠和慢波睡眠，而这次实验的对象正是我们的鬃狮蜥！"

那名游客不解地问道："那……这能证明什么呢？"

"研究人员希望借此证明哺乳类、鸟类和爬

行类在数亿年前有着共同的祖先！"志愿者慷慨激昂地说道。

威廉姆斯已慢慢地从悲伤的情绪中脱离出来。听到这句话，它和游客们一样情绪高涨。

志愿者继续说道："人类在梦境中，眼睑会随着脑部的活动、梦境的变化而颤动。经过系列实验证实，鬃狮蜥在睡眠过程中，也会出现眼睑随着脑部活动而颤动的现象，这或许可以证明鬃狮蜥也像人类一样拥有梦境。"

威廉姆斯听得入神，它已分不清自己是身在野外灌木丛，还是动物园的玻璃房，唯一确定的是，它和它的族群已经和人类密不可分。未来的日子里，人类除了扮演"破坏者"，也许还能扮演"拯救者"。威廉姆斯期待着那一天。

7

鹤鸵：世界上最危险的鸟

它们的脚法出神入化，经常一击就能让敌人丧命！

"请大家保持安静！保持安静！"琴鸟撕扯着喉咙喊，不过毫无效果。一年一度的鸟类颁奖典礼像炸了锅一样，鸟儿们才不会理会主持人在说什么，它们正忙着叙旧呢！这不，五届典礼换了五名主持人。琴鸟还没正式进入主持角色，就感觉体力已经用没了一半，这么下去，估计没等到典礼结束，可怜的琴鸟就得晕倒在颁奖台上。

在一片嘈杂的吵闹声中，突然一声巨响，所有的声音都戛然而止，大家被舞台上突如其来的

"怪物"吓得魂飞魄散！琴鸟极力地平复着情绪：

"大、大、大家好，旁边这位就是'世界上最危险的鸟类'奖项的获得者——鹤鸵[1]！请大家对鹤鸵目代表双垂鹤鸵[2]阿劲先生表示欢迎！"鸟儿们面面相觑，刚要开口讨论一番，又瞟到阿劲抬起的强壮锐利的脚爪，雷鸣般的掌声瞬间响彻森林。

"瞧瞧它那爪，足足得有12厘米长，长得跟匕首一样锋利！"火鸡在角落里和原鸡窃窃私语。

原鸡不屑地瞟了一眼火鸡："就它还能叫

---

1. 2004年鹤鸵被健力士世界纪录收录为"世界上最危险的鸟类"，2007年被吉尼斯世界纪录收录为"世界上最危险的鸟类"。
2. 双垂鹤鸵又名南鹤鸵，因其有双片肉垂而得名。双垂鹤鸵在鹤鸵目中尤为著名。

鹤鸵：世界上最危险的鸟

鸟[3]？都没我会飞！哼！"

阿劲被这尖锐的语调刺痛了耳膜，它死死地盯着原鸡。要不是碍于这是颁奖典礼，以它那暴脾气，绝对不会让原鸡有好果子吃！

"为了让大家能够全面地了解鹤鸵，我们请鸵鸟博士为我们详细介绍鹤鸵。欢迎鸵鸟博士！"琴鸟示意鸵鸟博士提前登场，鸵鸟博士当然完全领会琴鸟的意图。

鸵鸟博士兴高采烈地走上台来。阿劲看到鸵鸟博士，报以热情的微笑，并给予深深的拥抱。

鸵鸟博士提了提眼镜："在这里，我要先和大家强调一点，虽然我和鹤鸵同属古颚总目，但我一定会客观公正地介绍它！"

鸵鸟博士开始介绍："首先，你们看看它的

---

3. 鹤鸵是世界上第三大的鸟类，它的双翼比鸵鸟的双翼退化得更严重，不能飞行。

脸，多么英俊！看看它的身材，多么健硕！啊，真是让人心花怒放！"

原鸡满脸鄙夷，看着火鸡问道："这也叫客观公正？我这么帅它看不到吗？真是让人受不了！"

台上，鸵鸟博士还在介绍："它那么高，体重却只有70千克，难怪它奔跑时速可达到50千米。它的头顶有坚韧的角质盔，头颈裸露部分有靓丽的蓝色，颈侧和颈背有闪耀的紫、红、橙三种颜色，前颈有两个鲜红色的大肉垂，体羽是亮黑色的发状羽。"

鸵鸟博士的语调夹带了一丝悲伤："我这里有一个数据要和大家分享一下，双垂鹤鸵和单垂鹤鸵已被列为濒危物种，现在只有1500—10000头。这真是令人痛心！"

台下顿时安静了些。

这时，琴鸟重新返回舞台："非常感谢鸵鸟

鹤鸵：世界上最危险的鸟

博士的介绍！下面我们进入下一个环节。大家可以向阿劲先生提问，请大家抓紧时间！"

原鸡提了提音量："尊敬的阿劲先生，据说您的爪子像匕首一样，真的有那么厉害吗？"原鸡的语气中透着掩饰不住的鄙夷。

一旁的火鸡像被通了电，整个身体不停地打着冷战，嘴里叨咕着："我的天！你个不知好歹的家伙，小心丢了小命！"

阿劲的爪子紧紧地抵着舞台，似乎瞬间就能把整个舞台撕成碎片。它竭力压制着怒气，一脚踢在舞台旁的大树上，大树剧烈地晃动，整个地面仿佛都跟着震颤。原鸡像被重击一拳，瘫坐在地上。

阿劲字字清晰地问道："厉害吗？"

黑天鹅目不转睛地看着阿劲，崇拜之情溢于言表。

"黑天鹅，你有什么问题要向阿劲先生提问

吗？"琴鸟试探地看着黑天鹅。

"真的吗，我也可以提问？"黑天鹅兴奋地不知所措，"亲爱的阿劲先生，最让您感到自豪的是您英气逼人的外表吗？"

阿劲昂首挺胸地说道："第二次世界大战时，美军在巴布亚新几内亚驻守时，他们的战士都会被警告——要远离鹤鸵！这是我们鹤鸵最为自豪的！"

"阿劲先生的声音充满磁性，在这次颁奖典礼中相信您也收获了很多的粉丝。下面我们进行最后一项，有请我们漂亮的蓝孔雀为鹤鸵目代表阿劲先生颁奖！"

台下的鸟儿们欢呼雀跃。蓝孔雀娇滴滴地走上颁奖台，捧起奖杯："请您收下这份殊荣，愿您永远和今天一样意气风发！"

"感谢漂亮的蓝孔雀女士！"阿劲礼貌地接过奖杯，向台下的观众深深地鞠躬。

阿劲补充道："在这里，我想向大家普及一个常识，我们虽然天性凶猛，但在日常生活中只有当我们受到骚扰和威胁时，才会发起攻击！所以请大家不要惊恐，接下来的时间祝大家玩得愉快！"

鸟类颁奖典礼在一片欢呼声中完美收场。清风袭来，阳光正好，鸟儿们欢声起舞……

8

美洲大赤鱿："虎"口脱险

你吃过鱿鱼吧，那你知道吗？鱿鱼也会吃人的！

　　亚特·约翰逊出生于加利福尼亚州，他是这个白人家庭的第十个孩子。这天是他第九个生日，也是举国欢庆的圣诞节。每年的今天，亚特作为家里最小的，都会比哥哥姐姐们多得到一份礼物，今年当然也不例外，但不同的是，今年特殊礼物的受益人不仅仅是他！因为，爸爸妈妈决定带着所有的孩子去他们梦寐以求的卡萨雷得水族馆[1]。

1.“卡萨雷得水族馆”原型为“蒙特雷湾水族馆”，该水族馆是美国最大的海洋水族馆之一，曾因“大白鲨计划”举世闻名。

这天一大早，十个孩子在父母的催促声中早早起床，然后匆忙穿衣，抢夺卫生间洗漱，狼吞虎咽地吃早饭。在 7 点 10 分，他们坐进了爸爸妈妈的两辆车中，一路高歌奔向与太平洋相通的卡萨雷得水族馆。

　　卡萨雷得水族馆建于 1967 年，曾因"噬人鲨计划"举世闻名。它坐落于加利福尼亚州蒙特雷湾，距离约翰逊家 312 千米。

　　踏进卡萨雷得水族馆，亚特就被伫立在进口处的广告牌所吸引，上面有近期在各大媒体上活跃至极的一种大型捕食性鱿鱼。鱿鱼通体红色，关于它的学名，亚特记得不大清楚了，媒体总是叫它"红魔鬼"。

　　广告牌的内容十分具有鼓动性："你还在通过电视了解美洲大赤鱿吗？你还在通过屏幕观看美洲大赤鱿吗？现在，我有一条好消息要告诉你，美洲大赤鱿于今日正式成为卡萨雷得水族馆的一

员啦！如果你有兴趣，不妨来'深海 C 馆'亲身体验！"

亚特兴致勃勃地转过头，发现其他人已经走到了几十米外。他背着书包呼呼地跑过去，告诉爸爸妈妈想要去"深海 C 馆"看"红魔鬼"。爸爸妈妈郑重其事地告诉亚特和他的哥哥姐姐们："看好你们的钱包！下午 4 点，必须回到这里集合！"话音刚落，十个孩子就如闪电般在眼前消失，约翰逊夫妇无奈地耸了耸肩。

亚特以最快的速度奔向"深海 C 馆"，高耸的圆形玻璃整体展窗矗立在大厅的中央，几十只美洲大赤鱿在这个独立的空间内"畅游"。

亚特点开一旁的触摸屏幕，几行介绍文字跃然于展窗之上。

突然，一只美洲大赤鱿将它的 8 只腕足和 2 只进食触手狠狠地砸向玻璃，亚特被吓得后退了半步。略微镇定后，他把注意力放在了美洲大赤

美洲大赤鱿：“虎”口脱险

鱿的进食触手上。它的每一只进食触手都有许多
圆形吸盘，圆形吸盘里有许多小角质环，小角质
环里又有许多牙齿，密密麻麻的牙齿看得亚特心
里发慌。

忽然，亚特发现几只美洲大赤鱿在频繁地闪
烁身体，它们迅速从红色变成白色，又迅速变回
红色，如此反复。

这时，一只大手重重地拍了一下亚特的肩膀。

"差不多行了！一群鱿鱼有什么好看的！"
话音刚落，两个哥哥分别拽着亚特的一只胳膊，
把他拖向了水族馆的潜水厅。

潜水员西洛犹疑地看着亚特："是他？今年
多大了？"

哥哥卡其德佯装镇定地说道："多大？看不
出来吗？和我们一样！与这些小鱼小虾共舞完全
没有问题！"卡其德假装摆动身体，用胳膊略微
推了推一旁的赫特。

"就是，这个潜水厅并没有大型动物，哪来的危险可言？"赫特一本正经地说道。

"不不……"潜水员西洛刚要继续说些什么，忽然听到一些怪异的声响，他一边向后面走过去，一边咕哝了句"等一下"。

趁潜水员不在，卡其德和赫特瞅准时机，不顾亚特的反抗，三下五除二就把他塞进了潜水服内，随后为亚特佩戴好自助潜水设备，就把他扔进了充满海水的玻璃展窗内。

卡其德和赫特在展窗外对着亚特做着一些夸张至极的动作。突然，在玻璃展窗的最上方闪过一个红色的身影，它的速度是极快的，卡其德和赫特并未注意到这个细节，他们还在做各种鬼脸。

亚特无暇顾及他俩，他转过身，观察着离他越来越近的生物，它们像鱼雷一样喷射式前进。原来是美洲大赤鱿！亚特向哥哥们做出危险的手势，哥哥们却在展窗外嘲笑他是个胆小鬼。

美洲大赤鱿："虎"口脱险

亚特想起之前听新闻里说，为适应生长环境，美洲大赤鱿从出生时的谷粒般大到近 2 米长、50 千克重，只需要短短 2 年时间！可想而知，能有这样惊人的生长速度，它们的捕食行为应该极其夸张。它们每天要吃相当于自身体重 5%—10% 的食物，相当于一个人一天要吃下 40—60 个汉堡包！

亚特越想越害怕。他竭力地控制着濒临崩溃的情绪，尽量减慢自己的移动速度，以免引起这些"大胃王"的注意。

一只美洲大赤鱿开始频繁地闪烁身体，它的眼睛似乎在盯着亚特。它把海水吸入身体，然后用力地从身体后方喷出，仅仅 0.02 秒，它的 8 只腕足和 2 只进食触手就抓住了亚特身旁不远处的另一只美洲大赤鱿。

亚特倒吸了一口冷气。卡其德和赫特这才注意到这些"红魔鬼"，他们被眼前的一幕吓得面色铁青，随即便慌乱地奔跑叫喊，拖着工作人员来到潜水厅，指着玻璃展窗内的弟弟。

先发起攻击的美洲大赤鱿不停地变换着进攻的姿势，它在寻找最恰当的时机发动致命攻击，受害者的反抗也很猛烈。忽然，进攻者松开了所有的腕足和进食触手，受害者获得片刻的喘息机会，但进攻者迅速向受害者喷射了一股毒墨水——里面含有令受害者完全昏迷的酶，一场生死之战就此结束。

潜水员西洛穿上潜水服后，还穿上了盔甲，戴上了铝手套。下潜之前，他还用绳索套住了自己。这些装备是为了避免美洲大赤鱿的攻击。美洲大赤鱿进食触手中的吸盘带有倒刺，可以轻而易举地刺入人的皮肤，它的力量可以轻松地折断人的手腕，尖锐的喙可以轻易地刺穿防弹衣和钢铁。

西洛的下潜让亚特看到了生存的希望。西洛示意亚特不要做出反应，静等他的到来。十几

美洲大赤鱿："虎"口脱险

分钟后，一场惊心动魄的救援行动在一阵欢呼声中落下帷幕。亚特得救了！哥哥们很是内疚，从这一天开始，亚特过上了集万千宠爱于一身的生活。

9 岁生日，对于亚特来说是最值得纪念的。

9

吸血蝙蝠：黑夜中的嗜血恶魔

探险，不是只有勇气就行。

亚马孙热带雨林从安第斯山脉低坡延伸至巴西的大西洋海岸，纵横 8 个国家，占据世界雨林面积的一半，这里被称为"地球之肺"。亚马孙热带雨林植被种类多样，动物种类丰富。700 万平方千米的占地面积，高低起伏的地貌，多达数百万种的生物资源，吸引了一批又一批的探险者，乔恩和马克都是其中的一员。

乔恩和马克出生于英国拜伯丽镇，这里是英国最美的村镇，但兄弟俩却"不甘寂寞"，他们就是大家口中的"熊孩子"！

乔恩和马克经常会制造些有惊无险的小把戏。他们擅长利用动物的习性伪造一些"犯罪现场"，看起来有凭有据的，让农场主每天过得心惊胆战。

　　这一天，全镇的农场主都来为乔恩和马克送行，这当然不是因为他们深得农场主的喜爱，而是因为他们突发奇想，要去亚马孙热带雨林探险。这两个捣蛋鬼终于要离开村镇了，真是个好消息！

　　探险者需要丰富的知识储备、卓越的生存技能、巨大的勇气以及冷静的应变能力。乔恩和马克在过往的 18 年里，凭借着对动物的极度热忱，积累了沉甸甸的知识储备，也摸索出了一套独家的生存秘诀，他们能在一个村镇坚持不懈地与各种动物"打交道"十几年，肯定也具备非凡的勇气和毅力。然而，亚马孙热带雨林的传说，还是让兄弟俩冒了一身冷汗。

洁尔丘被称为"亚马孙热带雨林之父"。他年轻时游学各国，被称为"国际人"，后来又从事了与国际贸易相关的工作。他虽然热爱大自然，却没能从事相关的研究工作。如今洁尔丘60岁有余，利用半生积蓄开办了"亚马孙热带雨林之家"，为探险者提供免费的资讯和住所。这里当然也是乔恩和马克的第一站，他们需要些有效的信息。

夜幕在热带雨林中降临，硕大的雨滴拍打在茂盛的丛林中，棵棵参天大树在风中婆娑作响。这声音在寂静的夜里愈显突出，它似乎在有意地吸引你靠近它，又似乎在向你炫耀它神秘的力量。忽然，雨停了，一切静了……洁尔丘的故事在这一刻伴着沙哑的嗓音拉开了帷幕。

"很多年前就开始有一批又一批的探险者来访亚马孙热带雨林，然而丛林有丛林的法则，总是有些人喜欢挑战权威。那是个不听话的探险者，名字早已不为人知，他执意要在屋外的吊床上夜观星象，然而却睡着了。第二天凌晨，他在睡梦中醒来，发现全身上下遍布血迹，那白色的吊床也血迹斑斑。那景象太吓人了！"洁尔丘的眼睛里散发出惊恐的神色。

乔恩和马克坐得越来越近，他们俩就像冬天夜里在街边挨冻的穷孩子，相互依偎、瑟瑟发抖。

"毫无疑问，一定是吸血蝙蝠来过了，它们早已进化出一套独门绝技，神不知鬼不觉地吸出你的血，太可怕了！"洁尔丘在一片沉默中，突然提高了音量，吓得乔恩和马克哆嗦了一下。

"所以，你们千万记得要睡在这个棉布做成的大蚊帐里！不然……"洁尔丘使劲拍了拍棉布蚊帐，留下了一个神秘的微笑，离开了。

要不是洁尔丘鼎鼎大名在外，乔恩和马克或许宁可沦为吸血蝙蝠的晚宴，也要逃离这个诡异的地方。

吸血蝙蝠：黑夜中的嗜血恶魔

"小伙子们，昨晚睡得怎么样啊？"洁尔丘热情洋溢地问道。

乔恩和马克却支支吾吾的。

"哈哈！看来昨晚的故事很有效果。我只是提醒你们遵守丛林法则，鲁莽、高傲只会让你们陷入险境。"洁尔丘目光笃定地看着兄弟俩。

乔恩和马克似乎放下了一个重重的包袱，调皮捣蛋的本性又从他们的眼神中迸发出来。

洁尔丘轻轻一瞟，继续说道："不过，故事是真的……"

"那结果呢？"乔恩和马克追问道。

"结果？早年前我是在一本探险者的回忆录中读到的，结果已经不重要了。你们要知道蝙蝠可是多种病毒的自然宿主，携带的亨德拉病毒、尼帕病毒、梅南高病毒可都不是闹着玩的，还有最容易传染给人类的狂犬病毒！"[1]洁尔丘用凿子

在初具雏形的木雕上随意地击打着。

乔恩坐在了临近的木墩上，静静地听着。

"吸血蝙蝠在夜深人静的时候飞离山洞，在离地面一米左右的低空飞行，搜寻食物。吸血蝙蝠会寻找熟睡的哺乳动物或者鸟类[2]，在它们上方盘旋，寻找机会和最合适的部位，静悄悄地落在它们身旁，然后小心翼翼地爬到它们身上。当然，粗暴一点的也有，不过还是少见的。"洁尔丘顿了一下，接着说道，"吸血蝙蝠会用尖锐的利齿在'食物'的皮肤上割一道浅浅的小口，试探'食物'的反应。这个力度轻到几乎不被察觉。

---

1. 1994—1998 年，亨德拉病毒、尼帕病毒、梅南高病毒疫情的暴发都造成过人类和其他哺乳动物的死亡，都与狐蝠相关。普通吸血蝙蝠咬伤人和家畜时，最易传染狂犬病毒。

2. 吸血蝙蝠分为三种：普通吸血蝙蝠、白翼吸血蝙蝠、毛腿吸血蝙蝠。其中，普通吸血蝙蝠只吸食哺乳动物的血液，白翼吸血蝙蝠和毛腿吸血蝙蝠主要吸食鸟类的血液。

吸血蝙蝠的唾液中含有抗凝血物质，可以有效地防止血液凝固。然后，它就会开始贪婪地吸食血液。吸血蝙蝠一般一餐要吸食 30 毫升血液，这是它自身重量的 1.5 倍。它还会在'食物'的身边代谢，直到能够飞走为止……"洁尔丘努努嘴，示意乔恩把圆凿递给他。

"我的天！听起来真是恶心。吸血蝙蝠不仅要吸我的血，还要在我身边排泄！"马克厌恶地抽搐着嘴角。

"这是吸血蝙蝠的习性，它的肾已经高度特化了，除了嗜血，不进食其他东西。"洁尔丘眉头紧锁，似乎是在回忆一些很重要的东西。

"对！我看一本书上写过，吸血蝙蝠的肾'能屈能伸'。每一餐它都会把自己撑到一动也不能动的程度，然后它的肾就会启动排水模式，高速运转代谢血液中的水分，通过不停地排尿减轻体重，之后才可飞行。接下来它的肾会启动保水模式，

消化剩下来的高浓度蛋白质食物，还要处理高浓度的含氮废物，产生浓度更高的尿液。这个过程非常复杂，听起来恶心，但只不过是它的生理机能而已。"洁尔丘咳了几下。

马克若有所思地点点头："这里的蝙蝠是不是很多？会不会……"

"确实不少，但吸血蝙蝠不多，不必过度恐慌，有防范意识就可以了。蝙蝠中70%的种类都是食虫蝠，这个比例中还有相当一部分是捕食害虫的[3]。蝙蝠是群居动物，一只蝙蝠一年可以吃掉1.8—3.6千克的害虫。如果有几十万只的蝙蝠种群，那将是雨林莫大的幸运！"洁尔丘望着偌大的雨林，充满着期待。

---

3. 蝙蝠隶属于翼手目，全世界约有1107种，约占哺乳动物的四分之一。蝙蝠是哺乳动物中仅次于啮齿目的第二大类群，是除人类外分布最广泛的哺乳动物，除南、北极外，遍布地球的各个大陆板块，但主要集中于热带和亚热带地区。

"小伙子们，时间不早了。房间的茶几上有一些'生存手册'，好好看一看吧！可以背诵、摘抄、拍照，但不能带走。那可是每个探险者的救命法宝，要好好爱惜！"洁尔丘哈哈笑道。

　　乔恩和马克给了洁尔丘一个大大的拥抱！洁尔丘给他们上了生动的一课，让他们学会客观地看待自然。这是探险者所必须具备的素质，只有保持客观、冷静，才能在危急时刻救自己一命！

10

大麻鳽：奇妙的历险

> 鵰（jiān），动物学中鹭科鸟的一种。

秋日里，微风轻拂湖面，荡起层层波纹。黄昏降临，夕阳映得湖面透着姑娘羞涩般的红，金黄色的芦苇丛发出沙沙的响。

"它们要从这里飞过去啦！"[1]一秆芦苇在风中使劲地摇着，它在为天空中迁徙的鸟儿们助威。

"我的脚好疼！肚子又饿！好像……好像要不行了……"大麻鵰迪迪还没来得及和朋友们一一作别，就"扑通"掉进了芦苇丛。

---

1. 大麻鵰属夜行性动物，多在黄昏及夜晚活动。

"你怎么啦？赶快追上去吧，不然你就要掉队啦！"芦苇们急切地说道。

　　迪迪哽咽着："我的脚受伤了，疼得要命！我又饿得头昏眼花……哎呀！什么声音？有人来啦！"

　　迪迪强忍着疼痛，直直地站立在芦苇丛中，头、颈向上垂直伸着，嘴尖朝向天空。

　　"我明明看见一只相当大的鸟掉下来了！"捕猎者阿强一边拨弄着芦苇，一边嘀咕着。

　　迪迪强忍着疼痛，一动不动地伫立在芦苇丛中[2]。

　　"就是你们这些捕猎者打坏了我的脚，坏蛋！阴魂不散的坏蛋！"迪迪在心底不停地咒骂着。

---

2. 大麻鳽受到惊吓时，常采取伫立在草丛或芦苇丛中一动不动的方式隐藏自己。当威胁逼近时，它们才选择起飞避险。

大麻鳽：奇妙的历险

"阿强，别找了！天太晚了，这荒山野岭的，快点走吧！"阿强的哥哥喊他。

天色越来越暗，阿强泄愤似的使劲打了几下芦苇，骂骂咧咧地走了。

迪迪松了口气："幸好这两个坏蛋没有发现我，不然我就死定了！"它拍打了两下芦苇丛，表示深深的谢意。

迪迪用尽力气，一瘸一拐地走向湖边。看着湖泊里的小鱼、小虾、小螃蟹，它心里乐开了花。

"啊呀，还有青蛙和昆虫，好多美味呀！我一定要大吃一顿！"迪迪试探着迈向湖水中。

选定了位置，迪迪便在水中不动声色地观察着，似乎是为了让小鱼小虾们误认为它真的只是一秆芦苇。

"好了，时机到了！"迪迪猛地伸长脖子，"啪"地钻入水中，动作之快，让人瞠目结舌。

大麻鳽：奇妙的历险

它从水中钻出来时，一只小鱼已经衔在嘴上了。

迪迪刚要享受美味，却发现这条鱼似乎有点与众不同，有股执拗的力气在不停地拉扯着。迪迪心急如焚，它使了使劲，可"咔嚓"一声吓了它一跳，到嘴的小鱼也落入了水中！

迪迪气炸了毛[3]！"一定又是有人想要偷拍我！我不能被气炸毛，我得控制自己的情绪，不然就遂了他们的愿了！"迪迪一边生气，一边安慰着自己。

迪迪怎么也想不通：为什么人类要想方设法地找我？就为了卖我的肉，就为了拍奇怪的照片？想不通的迪迪冷静下来，安慰自己要继续捕鱼，它总要吃饱，才能带着伤痛离开这个晦气的地方。

---

3. 大麻鳽极度气愤或受到惊吓时，全身羽毛会竖立起来。

吃饱喝足后，夜色正好。迪迪忽然觉得脚上的伤似乎也好了不少。和芦苇丛作别后，迪迪重新开启迁徙之旅。

这一次只有迪迪自己，不过迪迪乐得自在。平日里，它也是独来独往。迁徙嘛，有伙伴最好，可以节省些力气；没有也罢，可以随心所欲，享受自由的乐趣[4]。

时间一点一点地流淌着。这会儿，迪迪不得不强迫自己想些愉快的事情，因为只有这样，才抵得住愈来愈强烈的疼痛。

朝阳渐渐升起，农户老王穿上媳妇洗得干干净净的衣服，在院子里伸了个懒腰。

"这觉睡得舒坦！"老王向忙里忙外的媳妇

---

4. 除繁殖时期及迁徙季节外，大麻鳽常单独活动。

高声说道。

一转眼，几碟小咸菜、两碗粥、三四个馒头都整整齐齐地摆在了桌子上。

老王和媳妇刚吃上几口，"扑通"一声，一只怪物从天而降！

迪迪使劲扑腾了两下，想离开这个可怕的地方，可任凭它怎么使劲，也飞不起来。

迪迪的心凉到了骨子里："完了！翅膀好疼，飞不起来了。这次死定了，还是主动送上门的！"

老王和媳妇看着这么大只鸟，心里还有点儿害怕。

"这得有 70 厘米吧，和秸秆一个色儿⁵！这是啥？"老王嘀咕着。

"俺咋知道，赶快把笼子拿来，先收起来再

---

5. 色儿：口语，颜色的意思。

说，要不再咬着咱俩！"媳妇说。

"对！对！"老王小跑着去拿笼子。

看着提着笼子的老王跑过来，迪迪怕得发抖："那不是之前捕猎者提的笼子嘛！这下完了，我就要死了！"

老王刚伸出手，迪迪就猛地伸长脖子[6]，使劲地啄了一下老王的右手！

"这鸟咋这么厉害！"老王疼得一抽手。

"叫警察吧，让警察过来看看这是啥。你要紧不？"老王媳妇心疼地看着老王。

过了一阵，一名警察带着一个没穿制服的人来到了老王家。

动物学家胡博士仔细地观察了一下迪迪："是大麻鳽，大型涉禽。这个时间节点正是它迁徙的

---

6. 大麻鳽日常活动时，颈部常缩于体内。当它发动攻击时，颈部会弹射出来。由于实际颈部较长，因此它的攻击范围较大。

时候。它应该是受了伤，不小心跌进院子里的。"说着，胡博士一只手握住迪迪的脖子，一只手仔细地检查着。

迪迪被抓得难受，叫喊着："放开我！快点放开我！"

"你们听，它的声音多像牛的叫声。"胡博士笑着说。

"翅膀这里受伤了，伤得挺严重的。脚也受伤了，看起来伤了一段日子了，有点感染。"胡博士看起来有点儿心疼。

过了一会儿，胡博士站起来说："大麻鳽是我国的三有保护动物，是国家保护的有重要生态、科学和社会价值的陆生野生动物。非常感谢你们能第一时间选择报警，我们将把它送到陆生野生动物救护中心进行进一步的救治。"

迪迪缩在胡博士的笼子里，丧气得不行。

一转眼，三个月过去了。

迪迪逐渐喜欢上了陆生野生动物救护中心这个新家，这里的每一个人都非常温柔，自己的伤也一天一天地好起来。

这一天傍晚，救护中心人员小玲带着迪迪来到了一片芦苇丛旁，她小心翼翼地从笼子里请出迪迪。

"宝贝，尝试着飞起来，我相信你可以的！"小玲温柔地说。

迪迪明白小玲的意思，它已经痊愈了，是时候该回到属于自己的世界了。可是迪迪有点舍不得，它三步一回头地看着小玲。

小玲向它摆摆手，迪迪便慢慢地扇动了几下翅膀。

这一次，迪迪没有再回头，它在心底告诉自己："要坚强！要对得起对我好的人类！"

小玲看着迪迪远去的背影，心里开心得不行，

眼泪却刷刷地往下落。

　　迪迪的迁徙之旅还在继续，但它却再也不会愤愤然地骂所有的人了。

11

指猴："恶魔"降临

指猴虽然很丑，但它们却是不折不扣的树木医生。

　　6 岁的丽莎同妈妈卡米尔、爸爸罗马斯从巴黎飞往马达加斯加，开启了一段悠闲的度假时光。

　　丽莎一家安顿在马达加斯加的一座民宿。这个家庭中爸爸是位精通法语、德语、英语等 6 种语言的语言学家，妈妈是位漂亮贤惠、热情好客的朴实女人，还有一个 8 岁的小男孩，他的名字叫力卡斯。力卡斯和妈妈在爸爸的带动下，对各种语言也有着浓厚的兴趣。

　　丽莎的到来让力卡斯开心得不得了！她就像一个洋娃娃，长得那么可爱！丽莎也很喜欢力卡斯，他的肤色那么健康，精力非常充沛，脸上总是带着灿烂的微笑，看起来那么热情洋溢又让人信赖。

暮色渐渐降临，丽莎在力卡斯的帮助下，安置好了自己可爱的行李箱。丽莎的爸爸妈妈和力卡斯的爸爸妈妈正交谈得不亦乐乎，似乎是久别重逢的老朋友。

黑云压住了马达加斯加的热带雨林，这个夜晚的马达加斯加没有月亮，没有星星，空气湿热。不过一切并不那么糟糕，这是个新奇的地方！你听，雨林里叮咚作响的流水声，大树随风摇曳的沙沙声，还有一些不知名的声音点缀着这部盛大的"交响曲"。

在黑云的笼罩下，雨林显得尤为神秘。

一股无形的力量吸引着丽莎，力卡斯的小黑手扯了扯丽莎，似乎在告诫她什么，可丽莎根本没空理会那个善意的举动，她自顾自地向外面的

树林走去。

"做个探险家吧！"丽莎在心底不停地重复着。

力卡斯寸步不离地跟着这个勇士般的小女孩。他喜欢她无畏无惧的性格，他想和她一起探险，虽然他有些畏惧这样漆黑的夜。

"你听，那是什么声音？那个声音那么凄厉，像是在呼唤，又像是哀伤的哭泣！"丽莎止住脚步。她用力地捏着力卡斯的小手，又不自觉地向发出声音的方向望去，可是那里只有无尽的黑暗。

"那个方向好像有什么东西！"丽莎低语道。她紧紧地拽着力卡斯，向后退了两步，好奇心又驱使丽莎向前挪了几步。黑暗中，突然出现了两点神秘的幽光，那两个黄色的光点不时地变换位置，越来越近。

丽莎连连后退，力卡斯抵在丽莎前面，身体也在不住地颤抖。丽莎的额头渗出了汗珠，她僵在那里，迈不开步。

那两点黄光愈发近了，定在那里，似乎也在凝视着他们。丽莎和力卡斯小心翼翼地向前挪了两步，一张恶魔般的面孔立在丽莎和力卡斯面前！

它像一只修炼成精的大老鼠，口鼻突出，嘴巴很平，一双黑色的大耳朵竖立着。它的身体纤细，四肢很短，尾巴像扫帚一样长，让人心生畏惧。最可怕的是它那魔鬼般的爪子，它的中指像铁丝一般细长，伸出来似乎能把人的五脏六腑掏得一干二净。

两个孩子不由得发出尖叫！他们想要逃跑，却挪不动脚步。

正四下寻找孩子们的爸爸妈妈，听到尖叫声，迎着声音飞奔而来。丽莎爸爸一把抱起她，力卡斯爸爸紧紧地搂住儿子。其他的村民应声赶来，几句短暂的沟通后，两个健硕的村民消失在了夜

指猴："恶魔"降临

色中。

不过一会儿，一个村民提着个铁笼子来到力卡斯的家："是它！这个东西很晦气！"

丽莎爸爸仔细地看着笼子里的小家伙，它蜷缩着身体。这个小家伙大约有35厘米长，尾长却将近50厘米，体重大约2.5千克，口中发着"咕咕噜噜"的声音。它的体毛由黑褐色、灰白色和白色三种颜色组成，尾毛粗密而蓬松。它的中指异常引人注目，细长如钢丝。

"这是指猴！"丽莎爸爸惊喜地喊道，他如获至宝般地端详着这只长相奇特的动物。丽莎爸爸是法国知名的动物学家，选择在马达加斯加度假，正是他的主意，这样他既可以陪伴家人，又可以亲近他深爱的大自然。

丽莎爸爸牵过丽莎和力卡斯的小手："宝贝们，不要怕！它虽然长相丑陋，可并不是一个恶魔。你们听到的可怕的声音，是它的叫声，虽然不太

指猴："恶魔"降临

悦耳，可它并没有恶意。你们看到的飘荡在空中的那两个小黄点，是它的眼睛发出的幽光。这个小动物会接近你们，是因为它和你们一样，都有着强烈的好奇心，都想一探究竟。宝贝们，请认真地回答我一个问题，我们能不能用外貌来判断好坏？

丽莎和力卡斯使劲地摇摇头："不能！"

丽莎爸爸提起铁笼，带着丽莎和力卡斯走到室外："那么，我们要不要把它送回家？"

"不行，它很晦气，我们要杀了它！"力卡斯爸爸阻挠道。

"力卡斯爸爸，请你听我说。指猴是一种十分有益于森林生态平衡的小动物。它最喜欢吃树皮下或者枯树中的虫卵、幼虫、小甲虫，它被称为'树木的医生'。我们要摒弃一些陈旧的观念，它并不是个会带来晦气的小家伙。由于森林面积的锐减和人类的捕杀，这种小动物已经沦为濒危物种。我想我们应当心痛，因为那都是我们的过错。"丽莎爸爸解释道。

丽莎爸爸提议："不如我们把它送回去，我带你们看看它'工作'的样子！"丽莎爸爸做起了引路人。他在一个合适的位置放下了那只指猴，它迅速地跳到树上。

"你看！"丽莎爸爸指着不远处的指猴。借助手电筒的微光，他们看到指猴"当当当"地敲起了树干。

力卡斯看得入神："原来我们一直误会它了，它一直在帮助我们保护树木！爸爸，我们不要杀死它，它属于这里！我不希望看到一个没有指猴的热带雨林！"

丽莎看着力卡斯爸爸："叔叔，你看！它的手指是取食的工具，它一直在消灭害虫。我和力卡斯错了，我们不该大声惊叫，我们误会它了，请放过它吧！"

指猴："恶魔"降临

力卡斯爸爸摸了摸两个孩子的头："对不起，我们错怪它了，从今天起，我们开始保护它！"

大家在一片欢声笑语中回到了力卡斯的家里。在接下来的几天里，他们将享受更加美好的时光。

12

萤火虫：打着灯笼的食肉精灵

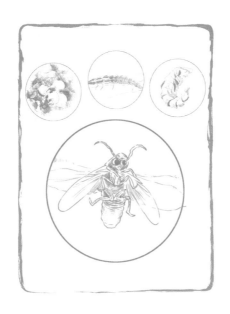

美丽如精灵的萤火虫竟然吃肉？

"哇！哥哥你看，那边有黄色、橙色、绿色、蓝色的荧光舞会，多么漂亮！要是我也能去就好啦！"蜗牛妹妹小美陶醉地望着远方。

"傻丫头，想什么呢！那可是你的天敌！"蜗牛哥哥军军严肃地说道。

小美抬头望着哥哥，大眼睛里充满了疑问："怎么会呢？它们那么漂亮！再说，我们不是世界上牙齿最多的动物吗？它们那么小，怎么会打得过我们呢？"

军军看着傻傻的妹妹，无奈地摇摇头："小美，我们的确是世界上牙齿最多的动物，甚至超过了体积庞大的蓝鲸。我们和针尖差不多大的嘴里有26000多颗牙齿，可是那有什么用呢？我们依然是食物链中的一部分呀！虽然有那么多牙齿，但我们的牙齿不是'立体牙'，根本无法咀嚼食物！"

军军不想让妹妹知道蜗牛是如何被萤火虫捕食的，那是何等的残忍！军军只想让妹妹了解大自然有它自己的规律，没有谁是可以逃离食物链而单独存在的。

"可是……"小美打破砂锅问到底的精神，再一次显现出来。

一旁的蜗牛答答忍不住开了口："军军，你是最了解我的！有问题不让我回答，我会被憋死的。我知道你为难，那就让我替你回答吧！"答答蹭到小美身旁。

"小美，这个世界上很多漂亮的植物、动物，它们的外表其实只是一种伪装，萤火虫就是这些伪装大师中的一员。你看，它们那么漂亮，是不

是特别容易就让你卸下心里的防备呢？可是，你能想象得到吗？萤火虫的幼虫可是天生的食肉专家！"

"幼虫？它们和我们不一样吗？我们的幼虫不是在卵壳中发育的吗？我们不是孵出来的时候就长成现在这个样子了吗？"小美不解地问道。

"当然不一样。萤火虫的一生中，包括卵、幼虫、蛹、成虫四个阶段。虽然这四个阶段它们都能发出漂亮的荧光，但饮食习性可大不相同。

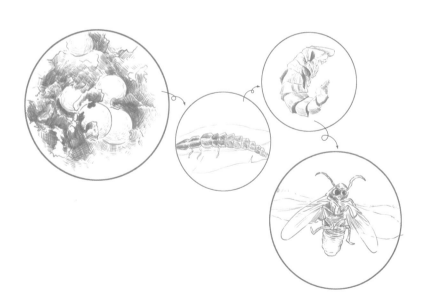

萤火虫只有在幼虫时期才会大吃特吃，成虫多数种类只喝喝水，或者吃点花粉、花蜜什么的。目前发现，妖扫萤属是唯一具有捕食习性的萤火虫属，而且其中也只有雌性成虫才会捕食。令人不寒而栗的是，它们捕食的可是同属的或者其他属的雄性萤火虫成虫。"答答不禁打了个冷战。

小美似乎并没有领会到答答想要强调的重点："我的天，一生四个阶段，但是只有一个阶段才会捕食，那它们剩下的日子岂不是度日如年？"

军军在旁边无奈地摇摇头："我这妹妹，可真是没救了！"

答答也连声叹气："小美，我们可是萤火虫的可口美食，难道你希望它们一生中都有强烈的捕食欲望吗？大多数萤火虫的生命周期在一年左右，可是幼虫时期却占据九到十个月，卵期也就一个月，蛹期平均十五天左右，成虫期五天到两周。

萤火虫：打着灯笼的食肉精灵

多么奇葩的比例，即使它们只有一个阶段进食，这个进食阶段也很长了啊！"

小美听到这里，也变得有些犹豫，触角都有些弯了下来。"那到底萤火虫是怎么吃我们的呢？"

军军听到这个问题，刚要开口。

小美就抢先说道："我一定要听！不过哥哥，你来我这边……"

小美藏在军军的身后："答答，说吧，我听着呢。"

"好吧，那就让我来告诉你残酷的现实吧！虽然萤火虫的体长只有0.8厘米左右，可是你可别小看它们那扁平细长的身体！在幼虫时期，很不容易分辨出它们是雌是雄。无论雌雄，萤火虫都有一个共同的特性，就是都有两个细如发丝却十分锋利的钩形大颚。据说在人类发明的显微镜下观察，那两片大颚中还各有一道细细的沟槽！"答答一边解释着，一边战战兢兢地靠向军军。看得出，它自己也十分害怕。

"那大颚是干什么用的？"小美细声地问道。

军军害怕答答解释得过于细致，接道："主要有三个用途。第一个是给我们注射微量的毒素，这种毒素一旦注射到我们的体内，我们瞬间就会失去知觉；然后，这两个大颚就会发挥第二个用途，就是向我们体内注射消化酶，将蜗牛的肉质液化；第三个用途就是取食。大概就是这样。"军军故意表述得客观一些，就像是在说别人的事。

答答并没有领会军军的意思，继续补充道："对呀，萤火虫实在是太狡诈了！它们知道我们总会待在高高的草秆上，或者是其他又高又不稳定的地方，所以它们会非常迅速又非常轻柔地刺入我们的身体！它们生怕用力过猛，我们就从它们的口中掉到地上。可就是那么五六下，我们就失去了知觉！我多么希望它们能够用力一

萤火虫：打着灯笼的食肉精灵

些，刺痛我们，这样我们也能意识到危险，挣扎一下！可是它们没有，它们太轻柔了，我们都还没有挣扎的意识，就陷入了昏迷的状态。这么一想，它们实在是太可恶了！我们就那么稀里糊涂地变成了它们口中的美味！"

答答的语调一声比一声高，它气得直哆嗦！

"难道我们就逃脱不了吗？"小美失落地问道。

"其实，萤火虫向我们注射的只是些麻药。如果有人能够及时地救下我们，并且每天给我们多冲冲澡，三四天后我们确实是可以苏醒过来的，而且就像什么事都没发生过，我们还是那么健康！但悲哀的是，这是自然的选择，谁会在关键时刻救下我们呢？"答答有些悲伤。

"不过，我们还是可以保护自己的！"军军振奋地说道。

"怎么保护？"小美和答答异口同声地问道。

"你们看，我们有螺旋形的贝壳，它可以保护我们的一部分躯体。如果我们在行进或者停留时，可以紧紧依附在某些物体上，就相当于为我们躯体的其他部分找了一个合适的保护伞，两方面加起来，我们就相对安全啦！所以说，我们一定要把身体紧紧地依附在某些东西上，不给萤火虫可乘之机！"

　　军军的话激起了小美和答答的斗志，两只蜗牛似乎找到了生活的希望！

　　小美望向远方，这一次它对萤火虫既充满了向往，又充满了恐惧。它怎么会想得到那么美丽的萤火虫竟是个杀手！

　　"小美，你听说过鲨鱼吗？"答答看小美似乎还是对萤火虫有向往，便问道。

　　军军的眼神里充满疑惑，答答又要说什么？

　　小美瞪大了眼睛说："听说过，鲨鱼好大好大，是大海中最凶猛的鱼类！"

"据说美国的生物学家约·博纳文图拉博士发现，将萤火虫身上的某些物质放入放养鲨鱼的池内，鲨鱼在几分钟后就开始不安起来，可怜的鲨鱼想游走，却游不动了！再过一会儿，它就翻起了肚皮，永远地离开了这个世界。"答答神秘地说道。

"和注入我们体内的麻药是一样的物质吗？"小美问。

"不知道。就连人类的科学家都没有研究清楚，到底是萤火虫身上的什么物质会有这么大的威力！不过可以肯定的是，它们身上确实有很讨厌的气味，正是那些气味才熏死了鲨鱼。其实，小鸟和蜥蜴也都很讨厌萤火虫的气味。我们真是倒霉，竟然有这么个讨厌的天敌！"答答有点愤愤然。

答答又要张嘴说些什么，军军慌忙接道："小美，我累了。我们回家吧！答答，我们改天再聊！”

　　说着，军军便自顾自地行动起来。答答也只好默默地离开了。

　　这篇故事只是让我们了解漂亮的萤火虫是如何捕食的，现实生活中萤火虫可是益虫，所以我们要保护萤火虫家族。

萤火虫：打着灯笼的食肉精灵

13

鹿豚：升级版"二师兄"

> "猪科颜值比拼大赛"花落谁家，即将揭晓！

"极乐鸟先生，你说这次'猪科颜值比拼大赛'，谁能获得冠军？"翠鸟妹妹期待地望着极乐鸟先生。

"我看好野猪先生，它那么霸气，谁敢不投票！"极乐鸟先生用喙使劲将小彩灯钉牢。

"我们应当实事求是，难道野猪还敢发怒不成？我看好鹿豚，它健美又温顺，多好！"孔雀小姐啄了啄鲜花。

鸟儿们一边装饰着比赛场地，一边饶有兴趣地聊着。这风和日丽的日子，动物们的心情都好极了。瞧瞧，鸟儿们把赛场装饰得多漂亮！

锣声响起。"小姐们，先生们！赛场已经美得不行啦！请放下手中的工作，到观众席中找好自己的座位，比赛马上就要开始啦！"喜鹊敲着锣在赛场上空盘旋着喊道。

"小姐们，先生们！'猪科颜值比拼大赛'欢迎您的到来！请大家提起精神，认真观赛，为您喜欢的选手投出宝贵的一票！咱们闲话不多说，首先有请第一位选手上台！"主持人金刚鹦鹉欢喜地与鹿豚先生击掌。

"大家好！我的名字叫鹿豚。我还有个别名，叫鹿猪。不过人们会亲切地称我为升级版'二师兄'。"鹿豚先生风趣地说道。

"鹿豚亚科属于猪科，所以今天我才可以带着满满的元气来参加这场比赛！首先，请允许我做一下自我介绍：我们鹿豚的体长一般不超过 1.1 米，肩高 65—80 厘米，尾长 27—

鹿豚：升级版"二师兄"

32厘米，体重大约80千克，最重不过100千克。"提到体重，鹿豚先生不好意思地微微笑起来。

"我有个非常明显的特点，有些朋友也说那是缺点，因为那看起来并不那么美观，不过那可是我们引以为傲的！你们一定已经猜到了，那就是我的两对长相奇特的獠牙，它们有不同的作用。在这里我要卖个关子，如果大家为我投出'喜欢票'，我就把这个秘密告诉大家！"鹿豚先生神秘地说道。

风趣的鹿豚先生吊足了大家的胃口，观众们兴高采烈地投出了宝贵的一票。鹿豚先生的票数直线上升！

"98票！98票！这是咱们动物界不同科举办颜值比拼大赛以来的最高票数！"金刚鹦鹉激动地呐喊着。

"我需要平复一下我的心情。"金刚鹦鹉做

鹿豚：升级版"二师兄"

了个大大的深呼吸，"下面有请第二位选手——野猪先生！"金刚鹦鹉又激情四射地高喊起来，并同野猪先生来了个有力的击掌。

可能是因为候台太久了，加之上一位选手得票太高，野猪先生愤愤然地登上台来。还没站稳，它便目露凶光看了一眼台下的观众，似乎在说："你们有胆量不投我的票吗？"

还没等野猪先生进行自我介绍，台下已是唏嘘声一片。

胆小的鸟宝宝们吓得飞离了座位，一边飞一边嘀咕着："太吓人了！好多直挺挺的鬃毛，怎么那么凶！我要是和它击掌，肯定一命呜呼！"

一旁的老虎提起音量："看看人家鹿豚先生，体毛又短又稀疏，看起来干干净净的，腿也很长，我还是喜欢风趣幽默的鹿豚先生！大家公平公正地投票即可，安全包在我身上！"

野猪先生最终一言未发，以 0 票惨败，悻悻地离场。观众们擦擦额头上渗出的汗珠，长吁了一口气。

金刚鹦鹉佯装欢乐地飞上台，甩了甩刚才差点折断的翅膀："下……下面我们欢迎最后一位选手上场！"

家猪小姐慢慢地挪动着脚步，似乎在寻找一个合适的位置躺一会儿，做一个美美的日光浴。想到这里，家猪小姐不由得笑了。它腿一软，还真躺在了舞台中央，左伸伸腿、右蹬蹬脚，那叫一个舒坦！

"颜值还不错，还挺可爱的，就是懒了点！"

"鹿豚先生的生活还是很健康的，它早晨活跃得很，白天还喜欢活动。那次我看见鹿豚先生在森林中奔跑，速度真不赖！"

"鹿豚先生还善于游泳，能从一个海岛游到不太远的另一个海岛上！"

"我的天，真是天差地别！家猪小姐这么一

鹿豚：升级版"二师兄"

会儿都不能坚持！"

观众席中热烈地讨论着。家猪小姐最终只获得 26 票。

"家猪小姐，家猪小姐！"金刚鹦鹉一声高过一声地呼唤着，然而家猪小姐似乎并没有听到，她正舒坦地享受日光浴呢！

"很遗憾，您获得 26 票。您可以去台下继续享受日光浴了！"金刚鹦鹉扒在家猪小姐耳旁吼道。

"那么现在，我们以热烈的掌声欢迎这次大赛的冠军——鹿豚先生！下面我们进入第二场次——采访环节！"

"鹿豚先生，请您赶快为我们介绍一下您那两对獠牙的作用吧！"松鼠妹妹迫不及待。

鹿豚先生微微一笑："其实，我迫不及待地想让大家了解我的家族呢！下獠牙是我们公鹿豚的战斗武器。我们把尖锐的下獠牙插入对手的下颌下面以取得战斗的胜利。我们的战斗方法不止这一种，有时我们也会用下獠牙勾住对手的下獠牙，然后竭尽全力将对手的下獠牙别断。"

松鼠妹妹听得既害怕，又觉得不过瘾。她偷偷地躲进树洞里，露出个小脑袋："那上獠牙有什么用呢？"

鹿豚先生温柔地答道："上獠牙可是公鹿豚的颜值担当！上獠牙的大小、形状各不相同，有的看起来既匀整又对称，有的真是惨不忍睹。上獠牙的方向也不尽相同，有的弯向额头，有的在眼前交叉。"

松鼠妹妹点点头："看来鹿豚先生凭借您那双漂亮完好的獠牙，一定吸粉无数呀！"

这句话夸得鹿豚先生红了脸。

喜鹊的翅膀都快举酸了，终于迎来了提问的机会。"鹿豚先生！我想问，您最钟爱的食物——马来亚大风子含有大量的氢氰酸，它对于我们许

多动物来说都是有毒的，为什么您吃了却这么健康呢？"

鹿豚先生兴奋地说："你懂得可真多呀！其实我们还吃一些植物的根、树叶、草、真菌等。偶尔也吃点荤的，比如说昆虫等小型的动物。不过足球果[1]真的是我们的最爱！"说罢，鹿豚先生舔了舔獠牙。

"对于这个问题，起初我也百思不得其解！如果仅仅以习性为由，显然是不那么严谨的。后来我们拜访了很多专家，经过调查，专家发现我们居住地的泥浆中含有来自温泉的丰富的矿物质[2]，事实上这些泥浆也总是让我们胃口大开。因

---

1. 由于马来亚大风子的果实大小、形状与足球相似，因此也被称为足球果。

2. 鹿豚居住地的泥浆中含有来自温泉的镁、钾、钙、钠等矿物质。

此，专家推测这些矿物质或许能够帮我们对抗足球果中的毒素。专家还给我们做了一系列的检查，发现我们具有功能强大的双房胃，复杂的肠胃系统对分解毒素也起到了一定的作用。"鹿豚先生一本正经地说道。

天色渐渐暗了下来。"真是一个奇特的家族！我们温和的鹿豚先生早已口干舌燥啦，今天的采访就到这里吧，赶快让我们的鹿豚先生去台下歇一歇。"金刚鹦鹉心疼地望着鹿豚先生。

鹿豚先生通过"猪科颜值比拼大赛"声名鹊起，升级版"二师兄"的昵称在动物界不胫而走……

14

马来貘：五不像的喜剧大师

马来貘（mò）——动物界的喜剧大师，一点也不输给人类！

这天傍晚，马来貘先生在森林中悠哉悠哉地闲逛。

巨松鼠小姐扒在枝条上，看见马来貘先生呆头呆脑的走路模样，不禁笑道："嘿，马来貘先生！你听说了吗？明天森林里要举办'森林喜剧大师'评选活动，不如你去参加一下吧，我会为你投上一票的！"

"我才不想去参加呢！那里那么多动物，想想就让人害怕，而且太阳那么大！我喜欢夜晚，夜幕降临的时候，才是我的活动时间。"马来貘先生急切地说道，生怕巨松鼠小姐劝个不停。

"马来貘先生，不要害怕！森林大会都是有保护措施的。不论哪种动物，都不会在参加活动的时候遭遇危险，所以你没必要害怕其他选手和台下的观众，大家在这一天都是一家人呢！而且每次举办活动，森林大会主办方都会考虑到我们的习性，它们不会让你受委屈的，这也算是对我们的保护呀！"巨松鼠小姐耐心地解释道。

　　"马来貘先生，天马上就要黑啦！我不喜欢在夜晚活动，所以你鼓足勇气，赶快去报名吧！"巨松鼠小姐补充道。

　　马来貘先生左思右想后问道："我又没有什么喜剧特长，报了名去表演什么呢？"

　　"这个你不用担心。今天我在树上打听得一清二楚，这次'森林喜剧大师'评选活动就是依据动物们与生俱来的特性进行评选，简单点说就是不考查你的后天技能，观众们只是根据参选动物的搞笑气质进行投票，票多者获胜！你看你

看，这次活动是不是为你量身定制的？快去吧快去吧！天就要黑了，我要走啦，我看好你哟，明天见！"巨松鼠小姐忙不迭地消失在半黑的夜色中。

第二天一早，所有的参赛选手都已经就位，观众们也都一一找到了自己的席位。

一切准备就绪，"森林喜剧大师"评选活动马上就要开始啦！

"女士们，先生们！这里是'森林喜剧大师'评选活动的比赛现场！请各位观众一定要记住，我们要评选出一位具有独特搞笑气质的喜剧大师！话不多说，有请我们的三位参赛选手：1号选手马来貘先生！2号选手麋鹿先生！3号选手羚牛先生！"主持人鹦鹉小姐按下舞台旋转按钮，三层舞台随即转入观众们的视野！

台下瞬间爆发出一片热议声。

"第一层那个马来貘，怎么那么好笑！它吓

得就露出一个小脑袋，哈哈！你看，它那鼻子怎么软塌塌的，真是又好笑又可爱！"

"第二层，你看那麋鹿，完全转蒙了，哈哈哈！不过，它看起来还是蛮英俊的。完了完了！我有点犯花痴了……我要推举它去参加'帅帅大会'！"

"第三层的羚牛可是有点吓人，它是不是觉得自己还挺好笑的？它怎么会来参加这样的比赛，真是让人费解！"

"马来貘先生，马来貘先生！不要怕，不要怕！舞台很结实的，观众们也很温和。来，到这边来！让大家看看你，好让大家进行投票。"鹦鹉小姐温柔地抚慰着胆小的马来貘先生。

台下的观众看着可爱的马来貘先生，不自觉地笑起来。"实在是太有意思了！你看，它的鼻子像大象，耳朵看起来有点像犀牛，尾巴又和牛一样，脚却那么像老虎，身体又像头熊！它们组

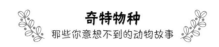

合在一块，让马来貘先生看起来憨憨的，十分有趣！我以前怎么不知道还有这样的搞笑派！"

鹦鹉小姐看着马来貘先生那让人无法理解的步伐，也不由得笑起来。

"好啦，好啦！各位观众，咱们严肃一些，下面我们进入投票环节！请各位观众在投票器上按下您喜欢的参赛选手的号码。从上至下，依次是1、2、3号选手，不要按错啦！"鹦鹉小姐大声地强调。

"1号1号！不投1号，都对不起马来貘先生！"

"对！对！一定要投1号！它实在是太有意思了！"台下的观众议论纷纷。

麋鹿先生似乎发觉局势不太对，观众们刚要按下投票器，麋鹿先生就大声喊道："大家等一等！难道大家没有发现我也很搞笑吗？我的脸像马一样，角像鹿一样，颈像骆驼一样，尾巴像驴一样，我也是个搞笑派呀！我就是江湖中传说的'四不像'，大家再好好看看我！"糜鹿先生调整好姿势。

观众们呆呆地看着糜鹿先生。突然，角落里响起一声："我还是觉得它很帅！它来错地方了！"

糜鹿先生无奈地低下头，心中不禁感叹："原来这么多年，我对自己的定位一直都是错的！"

"那个……再等一下！我是羚牛，大家又叫我怪兽金毛扭角羚！我是传说中的'六不像'。你们看我，绷紧的脸部像驼鹿，两只角神似角马，四肢短粗像家牛，两条倾斜的后腿像非洲的斑鬣狗，背脊隆起像棕熊，又宽又扁的尾巴像山羊。大家不觉得这样的我也很搞笑吗？"羚牛先生急切地自我介绍道。

不知哪位观众在角落里悄悄地说了一句："并未觉得！"

台下哄笑一片。

马来貘：五不像的喜剧大师

"其实，我就是传说中的'五不像'。"马来貘先生不急不缓地说道。

此话一出，引得台下一阵大笑！

"我也借机推销一下自己。我是貘类中最大的一种，体长一般 1.8—2.5 米，肩高 90—120 厘米，尾长 5—10 厘米，体重 250—540 千克。我是吃素长大的，平时就喜欢吃些竹子、树枝、树叶等。可能因为这样，所以我的胆子很小！好吧，我承认我就是给自己的胆小找个借口。"马来貘先生不好意思地低下了头。

"我一害怕，就会不由自主地从水中逃跑，或者悄悄地藏在水中，只露出鼻子呼吸。我是天生的游泳健将，妈妈说我游泳的姿势非常优美！我既可以在浅水区如履平地地行走，又可以利用长鼻子的优势潜入水中，是不是很厉害！还有！还有！我的鼻子也会像大象那样活动自如，我也会用长鼻子卷摘食物。其实你们不知道，我小时候比现在可爱多了！"马来貘先生拿出自己珍藏的照片。

马来貘：五不像的喜剧大师

主持人鹦鹉小姐衔起照片，传送到观众席中。

"你们看，这是我小的时候！我刚出生时也就8—10千克，全身深褐色，还有许多黄色的斑点和条纹。随着我慢慢长大，它们在6个月后就会完全消失。真是怀念那个时候，那些斑点和条纹多可爱，它们也是我的保护色。我好喜欢它们！"马来貘先生似乎回到了小时候，脸上露出灿烂的笑容。

观众们看着马来貘先生小时候的照片，心都要化了。没想到这个搞笑的马来貘先生童年时那么可爱！

"观众朋友们，三位参赛选手都为自己争取了最后的机会。那么下面我们就正式进入投票环节，请您拿出手中的投票器，为您喜爱的选手投上珍贵的一票！"鹦鹉小姐激情澎湃地说道。

如果你们也是台下的观众，会把票投给谁呢？我想也会是马来貘先生吧，毕竟它是天生的搞笑派，什么都不说，就能为大家带去欢乐，这才是我们森林的喜剧大师呀！

15

乌鸦：智商爆表还调皮

听说乌鸦薅了秃鹫的毛！

这天天朗气清，惠风和畅，乌鸦先生约上了三五好友小聚。

乌鸦先生刚刚衔起一颗野果，秃鹫先生像被电了一样喊道："我的天！这……这新闻上不是我吗？"秃鹫先生"啪"的一声把报纸摔在了桌子上。

乌鸦先生被秃鹫先生突如其来的怒吼吓得一哆嗦，咕咚一声，野果进了肚。"怎么了，怎么了，这又是怎么了？"乌鸦先生向报纸的方向探了探身子。

秃鹫先生不耐烦地看了眼乌鸦先生："请你给我一个合理的解释！"

乌鸦：智商爆表还调皮

　　乌鸦先生捋了捋羽毛："这个嘛……你知道的，我的嘴又大又喜欢鸣叫，人们又叫我老鸹。我是雀形目鸟类中个头最大的，我的体长一般为400—490毫米。我们乌鸦一共有36种……"

　　秃鹫先生使劲敲了敲桌子："说点有用的！难道你以为我是让你自我介绍吗？！"

　　乌鸦先生提了提嗓子："那个……我其实也比较凶猛！"

　　秃鹫先生抬了抬眼皮，不屑地看了看旁边的乌鸦先生，似乎在说："你是在挑衅我吗？"

　　乌鸦先生见势不妙，殷勤地飞到秃鹫先生的肩上："好吧，秃鹫先生，虽然你是大型猛禽，体长又比我长出一截[1]，但是你不要忘了，我们可是好朋友！难道你忘记了？我们可是经常住在同一屋檐下的呀！"

---

1. 秃鹫属于大型猛禽，体长一般为108—120厘米。

乌鸦先生在秃鹫肩上左踩踩右跳跳，为秃鹫先生做足按摩。

　　秃鹫先生不给乌鸦先生情面，接道："那是因为我们都喜欢食腐！树林和田野那么广阔，动物尸体又那么稀少，那么难以发现，倘若不找个搭档，怎么能提高捕食成功率[2]？你这都是借口，看看这些！"

　　说罢，秃鹫先生从文件包中扔出一打报纸，一一指到："这个，这个，这个！都是你和你的伙计们干的好事！"

　　乌鸦先生眨眨眼，心里想道："这秃鹫是有备而来啊！难不成专为此事讨个说法？不常上热搜的动物就是想不开，非得弄出个一二三来，看

---

2. 由于秃鹫飞得较高，未必能发现森林和田野里的动物尸体，因此，其他食腐动物如乌鸦、豺、鬣狗等的活动，会为秃鹫提供目标。

来开个玩笑是过不去了！"

"好吧好吧！认真的秃鹫先生，你先顺顺气，听我细细道来！"乌鸦先生示意狐狸小姐准备好野果，摆出一副要说到地老天荒的架势。

"首先，你要承认我们乌鸦是非常聪明的动物，可以用智商爆表来形容……"乌鸦先生刚一开头，秃鹫先生就皱起眉头："我要听科学依据，不是自吹自擂！"

"秃鹫先生，我不是得一句一句地说下去嘛！请你听我把话说完，我这个是有科学依据的。美国《国家科学院院刊》研究发现，鹦鹉的大脑皮质端的神经元数量为 2.27 亿—31.4 亿个，而鸣禽类——当然包括我们乌鸦，神经元数量为 13.6 亿—21.7 亿个，我们的神经元数量大约是大脑质量相同的灵长类动物的 2 倍，是大脑质量相同的啮齿类动物的 4 倍！怎么样，听着还不赖吧？"

秃鹫先生若有所思地点点头，狐狸小姐在旁

边听得稀里糊涂："有没有直白点的？谁知道大脑皮质端的那个神经元到底是个什么东西！"

乌鸦先生顺了顺气："好吧，狐狸小姐，那我就说直白一些。在日本，观察者发现，我的同伴会利用红灯和绿灯间隔的空隙，把核桃放在等待绿灯的汽车轮胎下面，等到交通指示灯变成绿色，核桃就被车轮碾碎了，我的同伴们就可以不费吹灰之力地美餐一顿！由此可以看出，世界上不是只有人类能够使用工具，我们也是可以的！著名的'乌鸦喝水'的故事想必你们也听过吧？我们还会用有钩的木棍或者其他特别的叶片，从树干缝隙中把昆虫拖出来。"乌鸦先生衔起一颗野果，准备休息片刻。

"那又怎样，这和你薅我毛有什么关系！"秃鹫先生大声吼道，乌鸦先生差点噎到。

"你个暴脾气，还好你只喜欢吃大型动物的尸体和腐烂的动物，要不我都活不过今天！再说，

乌鸦：智商爆表还调皮

说那么难听干吗，那叫拉尾巴！"乌鸦先生拍拍胸脯。

"不过这两件事有着密切的关系，我总要说得清楚明白一些。研究者经常观察到我们摆弄各种各样古怪的东西，比如利用塑料瓶盖充当雪橇，在有积雪的屋顶玩滑雪，还喜欢把玩绳子，等等。科学家也会发现我们日常的挑衅行为，比如唆使两只猫展开搏斗，再比如啄小猫、小狗、熊猫，还有你的尾巴！当然还有许多其他动物的。"说到这里，乌鸦先生开心地笑起来。

乌鸦先生觉察出自己笑的并不是时候，便收起了笑容。

"起初，研究者认为玩耍是一件相当奢侈的活动，因为那要浪费很多时间，他们认为我们做这些事是有明确目的的，比如薅毛是为了筑巢。但是他们观察的时间久了，发现我们有时并没有明确的目的。"乌鸦先生说着，又衔起一颗野果。

"那到底是为了什么？"秃鹫先生急切地问道。

"因为我们聪明，所以我们会利用工具玩出新花样。在这些过程中，既满足了我们爱玩的天性，又学习到了新的本领，还有可能获得意外的收获，例如筑巢的羽毛和可口的食物，岂不是一举三得？"

秃鹫先生气得直翻白眼："原来我被报道得这么丑陋，就是为了满足你爱玩的天性！真是天下乌鸦一般黑！"

乌鸦先生哑哑嘴："哎呀，秃鹫先生，你又说错了！天下乌鸦不是一般黑的。还有，这都什么年代了，你还看报纸，你看看这个！"说着，乌鸦先生把手机向秃鹫先生推了推。

"谁说天下乌鸦一般黑？看看这个白颈乌鸦，它通体羽毛是黑色的，可是颈部有一圈白色的羽毛。雏鸟时期，它的小眼睛还有很明显的水蓝色呢，

换羽后才凸显黑色！"乌鸦自豪地说。

"好吧，我承认你和大熊猫一样，怎么拍都像是黑白照片！"狐狸小姐取笑道。

乌鸦先生撇了撇嘴，哼了一声。

秃鹫先生接道："狐狸小姐取笑你，你怎么不反驳呢？真是个花心大萝卜！"

"呸呸呸！什么花心大萝卜，那只是外界不喜欢我们，总是给我们安些莫须有的恶名。我们乌鸦是益鸟，终生实行一夫一妻制。狐狸小姐是女士，我理应保持些绅士风度！"

"好啦好啦！挺美好的一天，你们两个不要再吵架啦！秃鹫先生，它也就是生性活泼，比较调皮，你就原谅它吧！乌鸦先生，你平时也就吃点谷物、果实、昆虫、腐肉什么的，别总那么贫，嗓门还那么大！人家秃鹫先生不开心也是蛮正常的，谁让你总是那么没分寸呢！"狐狸小姐左看看右看看。

乌鸦先生又飞到秃鹫先生肩上："好吧，不吵了，别虚度了这么美好的一天！"

乌鸦：智商爆表还调皮

16

红头美洲鹫：食尸鬼

> 美好的生活应该是享受大自然的馈赠，而不是抱怨。

　　这天，阳光明媚，红头美洲鹫奇卡一如既往地站在一根干枯的树枝上，张开双翼，让那微风轻拂着每一根羽毛 [1]。"舒服！"奇卡自言自语。

　　阳光洒在奇卡暗黑的羽毛上，温暖的感觉忽然让它有些不适。它哗啦啦排泄了一通，那粪便无一例外地全部砸中了自己的双脚。"舒

---

1. 很多红头美洲鹫在站立时会张开双翼，这种姿势可以烘干双翼的羽毛，并达到暖身和消毒的作用。

服！"奇卡又不由自主地咕哝了一句²。

"嘿，老兄，真带劲！"佑塔落在奇卡身旁。

"啊哈，真的太舒服了，松弛极啦！"奇卡很享受地说道。

"哎，我最近又在思考一个新问题。我们把粪便排泄在双脚上的习性，会不会让别人觉得恶心？你看，你的脚在这般情形下，都看得见白色的尿酸斑纹……"佑塔认真地审视着奇卡的双脚。

奇卡下意识地后退了几步，试图避开佑塔那钻研的眼神。树枝在微风中摇晃了几下，奇卡回过神来，佯装镇定地说道："那……那又怎样，鹳科不也是这样吗？我们这是利用蒸发吸热的

---

2. 红头美洲鹫没有鸟类的发音器官——鸣管，因此它的叫声只局限于咕噜声和嘶嘶声。

原理，不然我们脚上的血管怎么冷却？"

　　奇卡一连串的质疑，成功地震慑了佑塔。它从上至下打量着奇卡："我的天哪，你竟然这么博学！"

　　奇卡在佑塔崇拜的目光中，重新平复了一下情绪，又刻意调整了一下站姿。它昂首挺胸，极目远眺，诠释着胜利者的骄傲。

　　觅食的时间到了，奇卡、佑塔用力地拍动双翼，费了好大力气才挣脱了地心引力。

　　"红头美洲鹫是属于天空的，陆地只会让我们显得笨拙！"佑塔感慨道。

　　"如果你没有70厘米的身长，没有1.8米的翼展，没有将近2千克的重量，你也就不是大型鸟类，那你就可以在陆地上自由运动了！老弟，要学会享受你拥有的……"奇卡拍动了一下双翼，保持了一个完美的"V"字形，顺着气流上升到了几百米的高空[3]。

奇卡在高空盘旋，欣赏着地上的美景：一望无际郁郁葱葱的森林，潺潺流动的林间河水，倒映在水面的蔚蓝天空……"一切都这么美妙！闻闻那清新的空气，要是再让我闻到一丝还未腐化的尸体味道，那就更美了！"[4]

奇卡、佑塔和伙伴们黑压压地分散在湛蓝的天空中，它们一面伸展着翅膀，享受着日光浴，一面利用发达的嗅觉刺探着猎物。

一丝乙硫醇的鲜美味道顺着热气流盘旋到奇卡的鼻孔中。"大自然就是这么眷顾我们，让我

---

3. 红头美洲鹫是大型鸟类，身长64—81厘米，翼展可达1.7—1.83米，体重达0.85—2.26千克。红头美洲鹫起飞后很少拍动双翼，擅长借助气流上升，并可借助空气中的热气流连续翱翔几个小时。

4. 红头美洲鹫喜食尸体，但偏向于吃刚死去还未腐化的尸体。另外，红头美洲鹫也食野生植物、农作物及无脊椎动物等。

拥有灵敏的嗅觉系统！还有谁能够敏锐地察觉到空气中含量仅十亿分之几的气味？啊，这味道真是纯正！"奇卡向临近的伙伴们发出信号。很快，红头美洲鹫们加紧盘旋，一个个大鼻孔像雷达一样，搜寻着丰盛的晚宴。

佑塔紧紧追随着奇卡，它们的羽毛黑得耀眼！再看它们那没有羽毛的头，红得鲜艳！还有那钩状的喙，白得剔透！佑塔的嗅觉系统狠狠地刺激了一下脑神经："这味道真是让人垂涎欲滴呀！"佑塔像孩子般围绕着奇卡。

"这是大自然的馈赠啊！中生代时期的鸟类刚从地面上爬行的恐龙中演化出来，也拥有着相当灵敏的嗅觉，然而现在，大多数鸟类由于长期远离地面，嗅觉在进化中不断退化，这当然也包含很多种类的秃鹫。所以，发达的嗅觉系统是我们引以为傲的资本！"奇卡忽然压低了飞行的高度，似乎是嗅探到了气味的来源。

红头美洲鹫：食尸鬼

　　王鹫嘉尔混杂在红头美洲鹫群体中，它的皮肤在湛蓝的天空中亮得耀眼。如此突兀的存在，并不会使嘉尔觉得难为情。它姿态高傲，凭借体型优势，凌驾于红头美洲鹫之上，只是没有灵敏的嗅觉而已。

　　忽然，奇卡、佑塔等红头美洲鹫从高空以迅雷不及掩耳之势向地面俯冲。视觉锐利的嘉尔在红头美洲鹫俯冲之时，便察觉到了异样，它迅速辨认尸体的位置，以飞快的速度降落在让人垂涎三尺的食物旁。然而，嘉尔并没有行动，只是静静地看着红头美洲鹫利用钩状的喙撕开新鲜的尸体，然后，它以硕大的体型、巨大的力气，迅速驱逐了包括奇卡在内的红头美洲鹫。佑塔愤愤不平，它盯着这个贪婪的家伙，怒火中烧，却不敢言语一声。

　　奇卡看出佑塔悲怒的情绪，和声细语地安慰道："王鹫的喙不够强壮，难以撕开这鲜美的食物，所以它等待我们先动手。它的体型比我们大得多，力气也比我们大得多，我们不是它的对手。我们需要让步，需要等待，这就是生活。如果这次觅食有大黄头美洲鹫和小黄头美洲鹫，虽然它们的嗅觉和我们一样灵敏，但找到食物的那一刻，它们就输了，我们同样会驱逐它们，这是自然的选择！"

奇卡的话言近旨远，佑塔沉静地思考着："或许生活并没有那么糟糕，也没有那么美好，但不同的心境，却过出了不一样的人生。那为什么不换种思维方式，摆脱焦虑，拥抱美好？美好的生活应该是享受大自然的馈赠，那是对大自然最好的回报！"

红头美洲鹫：食尸鬼

图书在版编目（CIP）数据

奇特物种：那些你意想不到的动物故事 / 良妮著.
—福州：福建科学技术出版社，2023.4
ISBN 978-7-5335-6978-5

Ⅰ.①奇… Ⅱ.①良… Ⅲ.①动物 – 普及读物Ⅳ.①Q95-49

中国国家版本馆 CIP 数据核字（2023）第 044973 号

书　　名	奇特物种：那些你意想不到的动物故事	
著　　者	良妮	
绘　　者	李静雯	
出版发行	福建科学技术出版社	
社　　址	福州市东水路 76 号（邮编 350001）	
网　　址	www.fjstp.com	
经　　销	福建新华发行（集团）有限责任公司	
印　　刷	福建省地质印刷厂	
开　　本	889 毫米 ×1194 毫米　1 / 32	
印　　张	5.625	
字　　数	63 千字	
版　　次	2023 年 4 月第 1 版	
印　　次	2023 年 4 月第 1 次印刷	
书　　号	ISBN 978-7-5335-6978-5	
定　　价	28.00 元	

书中如有印装质量问题，可直接向本社调换